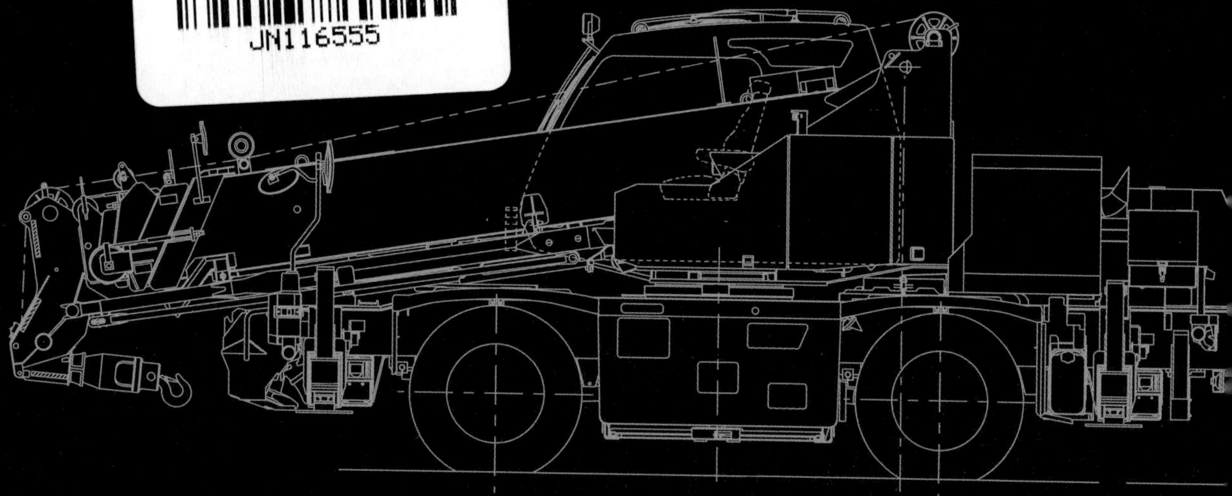

重機図説

世界の極大級・極小級マシン

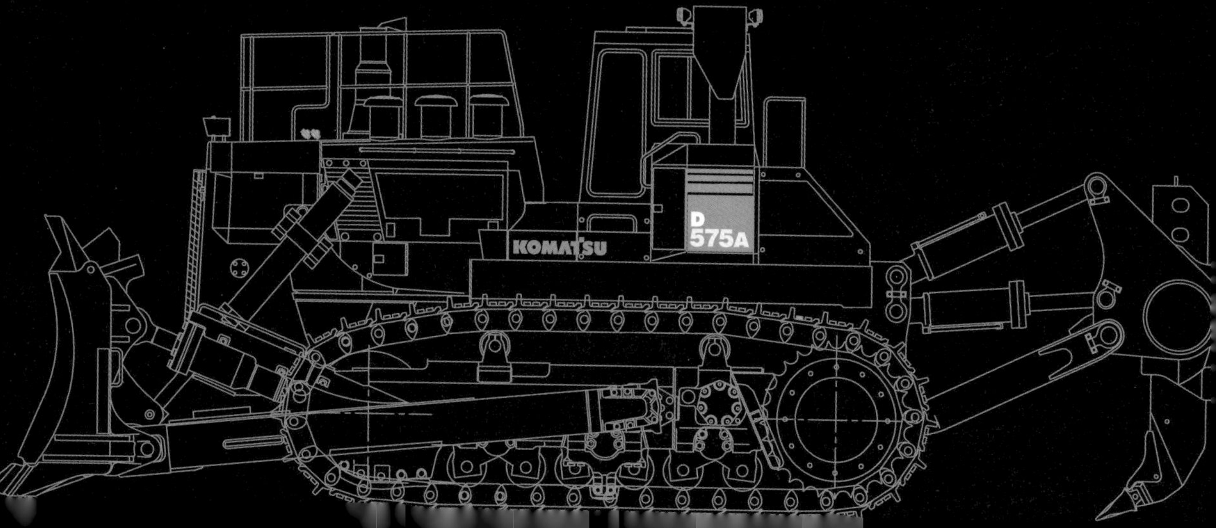

目 次

運ぶ

Dump

土砂等を輸送することを主な目的にした車両

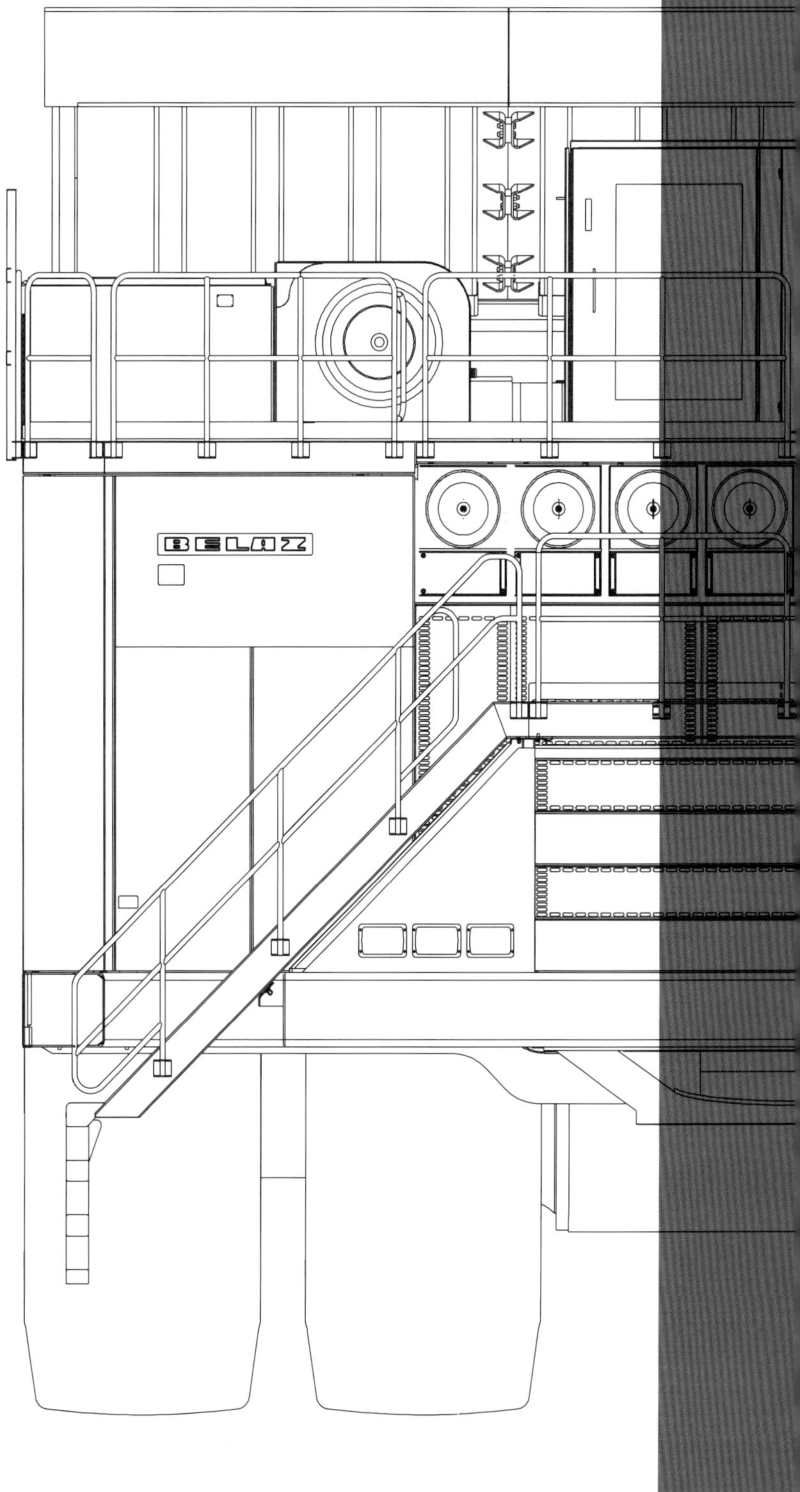

DUMP TRUCK
ダンプトラック

BELAZ
75710

ベラルーシに本拠を置くBELAZ社が満を持して送り出した積載量450tに及ぶ世界最大のダンプトラックである。それまではLiebherr社やCaterpillar社などの積載量400t級が最大だった。

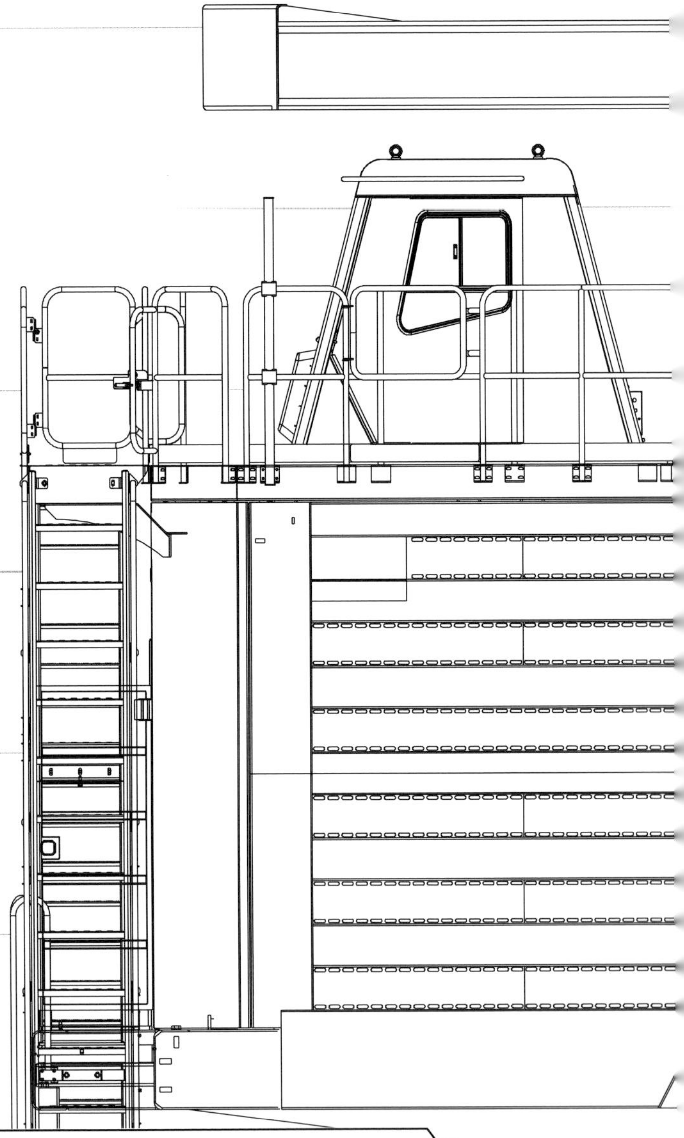

CARMIX
DUMPER D6

普通車よりわずかに大きい全長5.7mのサイズ（日本の10tダンプは全長７mを超える）でありながらペイロードを10tも持ち、満載時でも30%の勾配を登るというパワフルさ。狭小な現場でも頼りになるな車両だ。

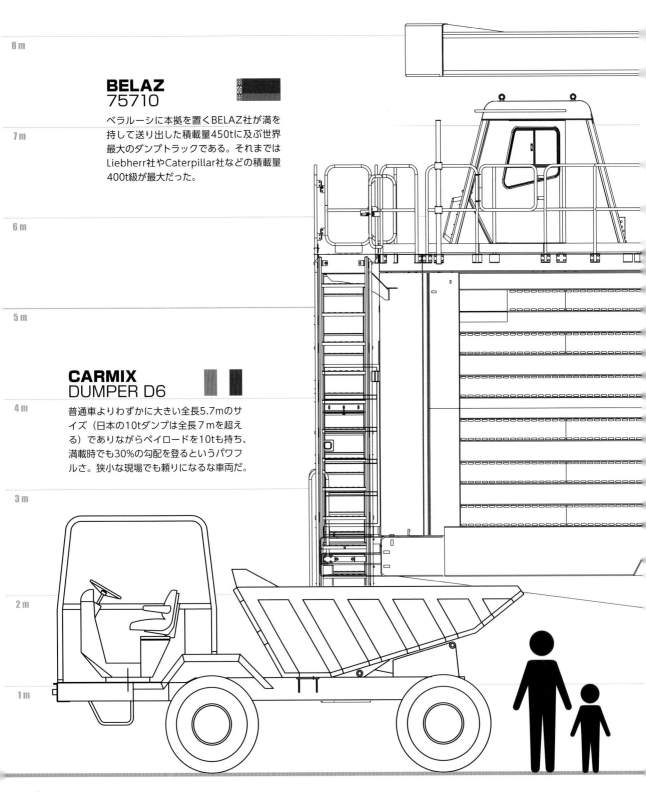

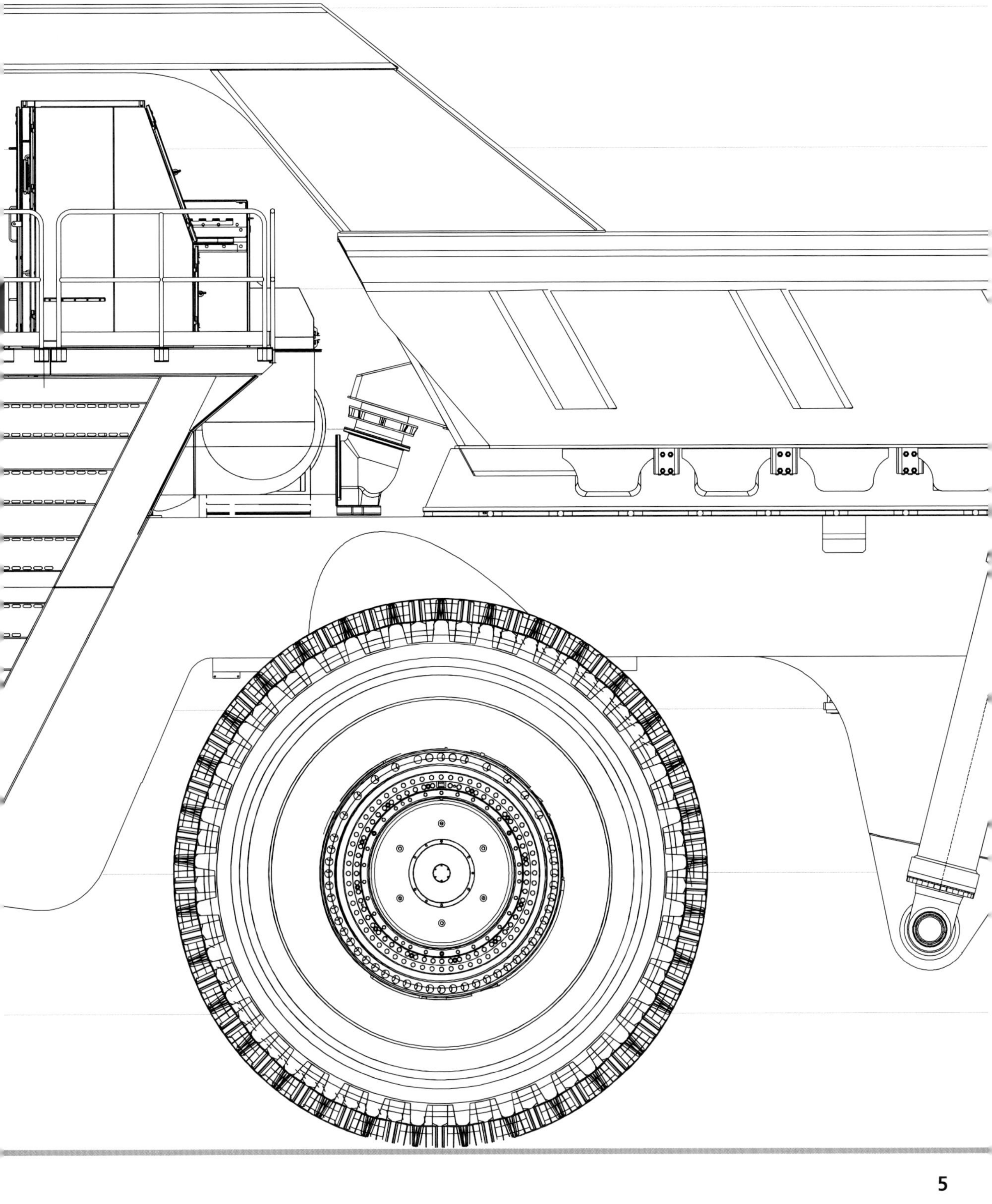

BELAZ 75170

BELAZ 75710は３階建てのビルに匹敵するサイズであり、世界最大の積載量450tを誇る。前後輪にダブルタイヤを採用しているため、一見４輪に見えるが実は８輪で巨大な重量を支えている。前後の車軸がそれぞれ舵を切ることができるため、最小回転半径はその大きさにもかかわらず19.8mと小回りがきく。

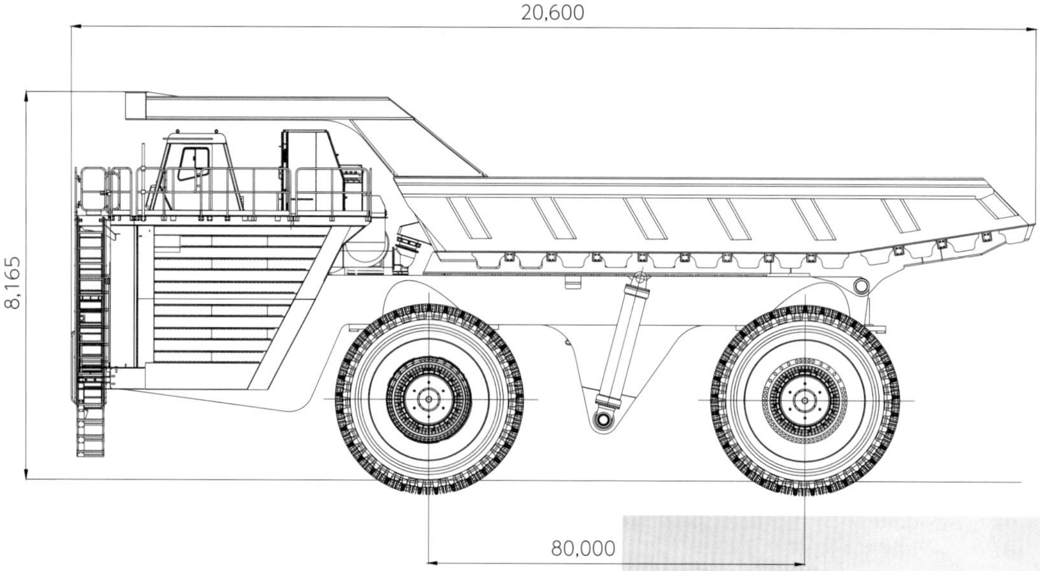

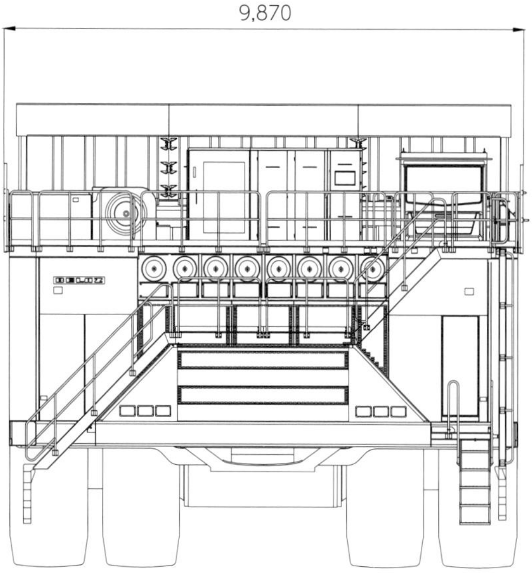

BELAZ75710
00001
75710
450
ТОНН
BELAZ

450
ТОНН

BELAZ 75170

BELAZ 75710
00001
450
ТОНН
BELAZ 75604
BELAZ

P&H
BELAZ 75710
00001
450
ТОНН
BELAZ

項目	
全長	20,600mm
全高	8,265mm
全幅	9,75mm
エンジン形式	ディーゼル
エンジンモデル	MTU DD 16V4000
排気量	76300cc
エンジン出力	3430kw（1750kw ×2機）
最小旋回半径	19.8m
最高速度	64km/h
総重量	360t
最大積載量	450t

CARMIX DUMPER D6

小さな車体に強力なエンジン、そして10tダンプ並みの積載量を誇る世界最小級のダンプトラック。オフロードを前提に設計されたシャーシーにオフロード仕様のタイヤ、そして四輪駆動を採用しているため、荒れ地の走行や急勾配の登坂にも強い。狭く足場の悪い現場でも活躍できるタフな車両だ。

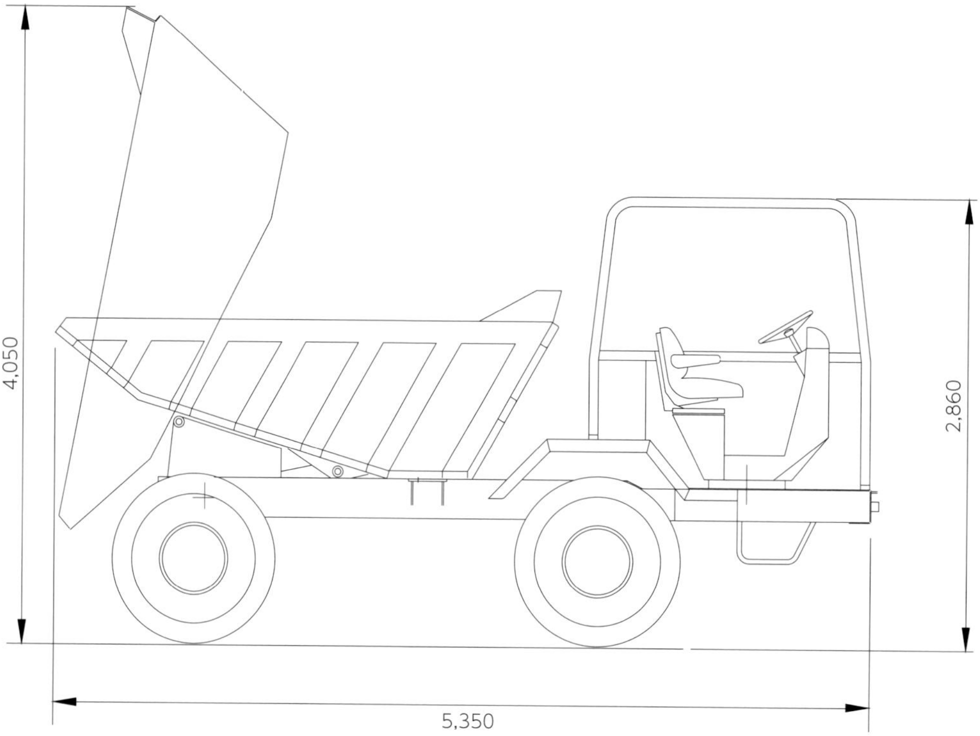

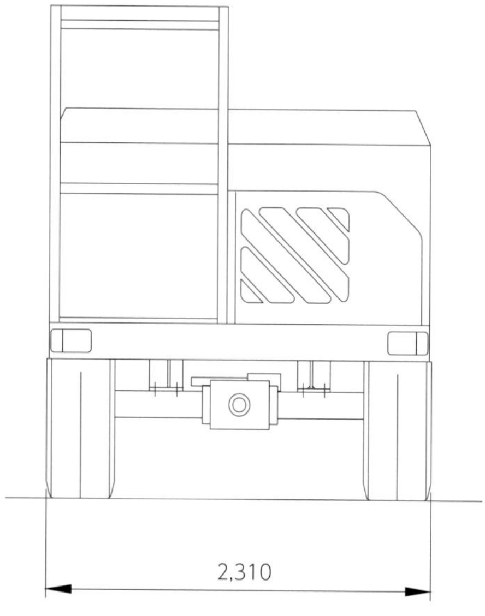

項目	
全長	5,350mm
全高	2,860mm
全幅	2,310mm
エンジン形式	水冷 4 気筒ターボディーゼル
エンジンモデル	Perkins 1104 D-44 TA
排気量	3,400cc
エンジン出力	83kw
最大勾配	30%
最高速度	25km/h
総重量	5.800 kg
最大積載量	10,000kg

CARMIX
CARMIX
DUMPER D6

CARMIX

OTHER MINI MACHINE

Wacker Neuson 1001

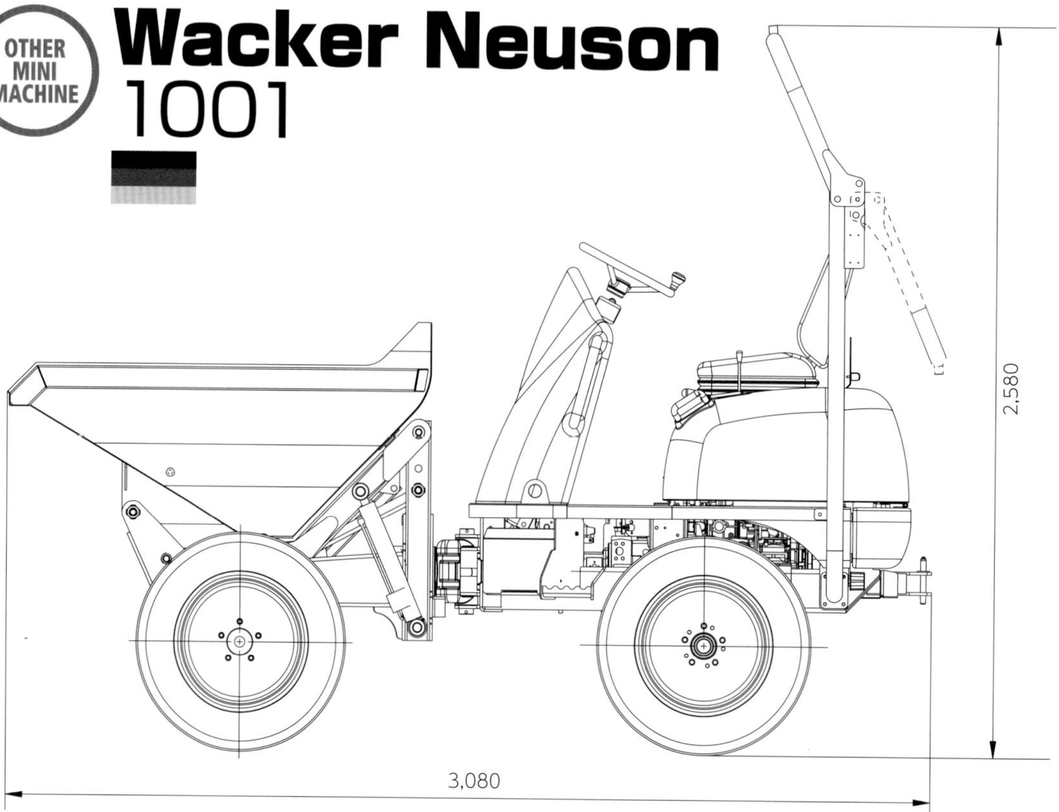

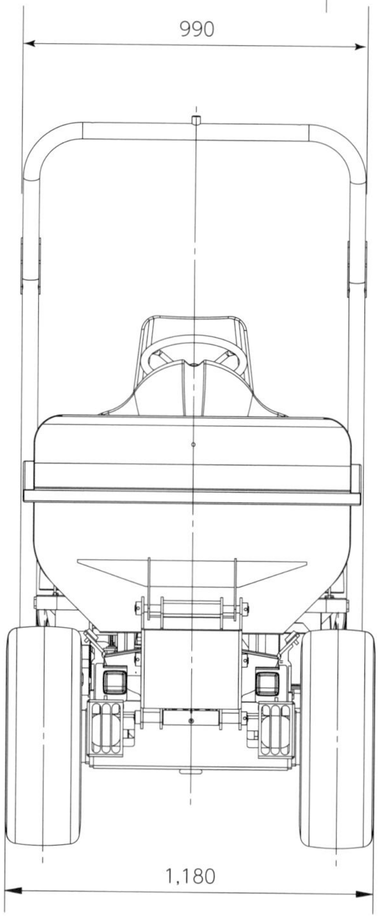

Wacker Neuson 1001は非常にコンパクトながら850kgのペイロードを持ち、四輪駆動や関節式ボディによってかなりの不整地でもスムーズな移動を可能にしている。荷台は1.85mまで持ち上げることができ、単なる運搬だけではない作業にも使用できる。

項目	
全長	3,080mm
全高	2,580mm
全幅	990mm
エンジン形式	ディーゼル
エンジンモデル	ヤンマー 3TNV76
排気量	1,116cc
エンジン出力	18.9kw
最小旋回半径	3.2m
最高速度	16km/h
総重量	1,150kg
最大積載量	850kg

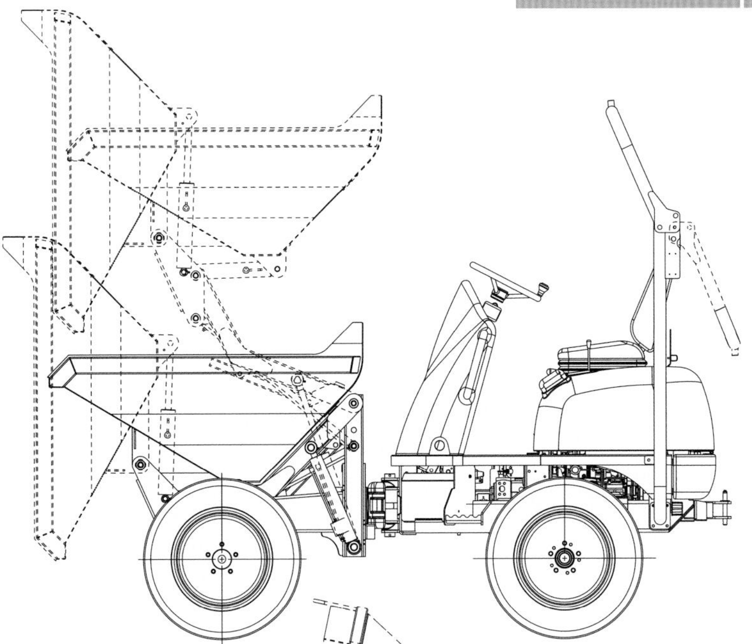

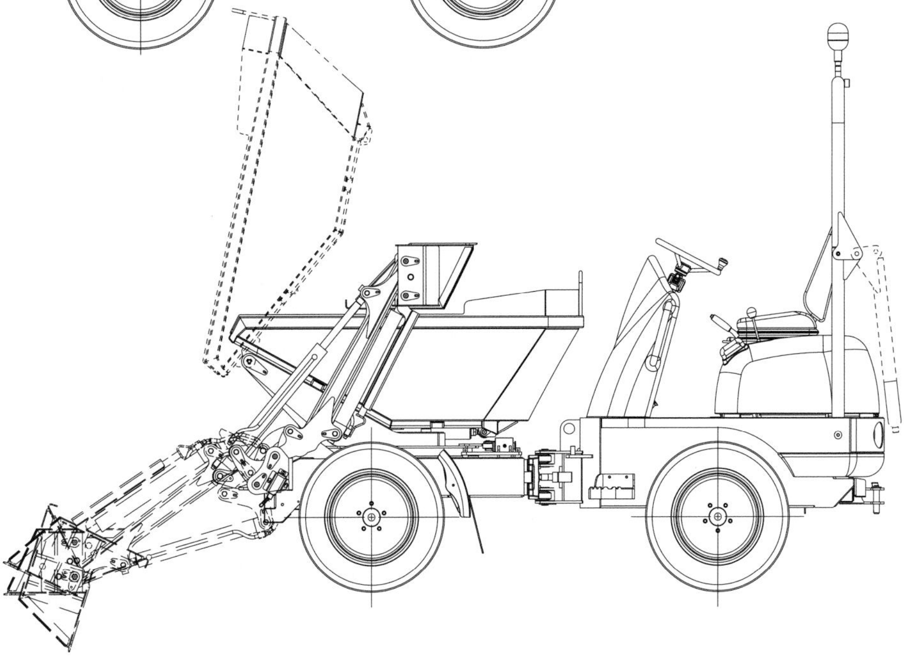

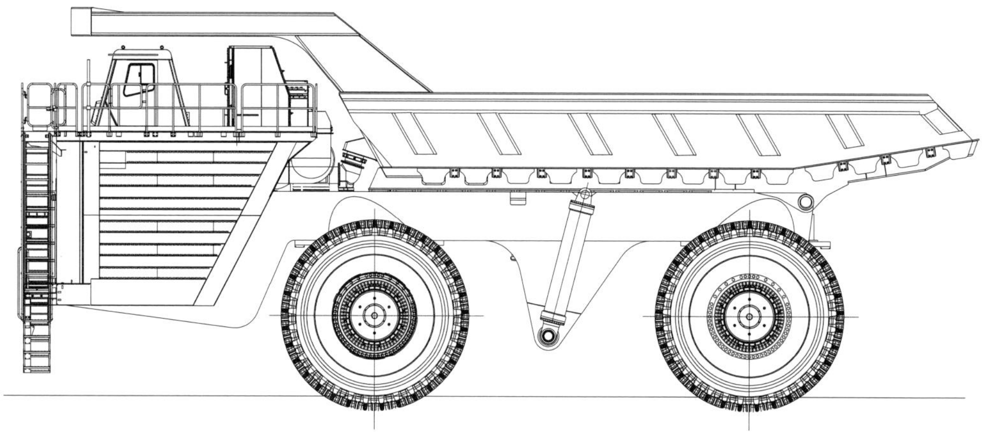

掘る
Excavator

腕により、高所や低所を掘削する機械

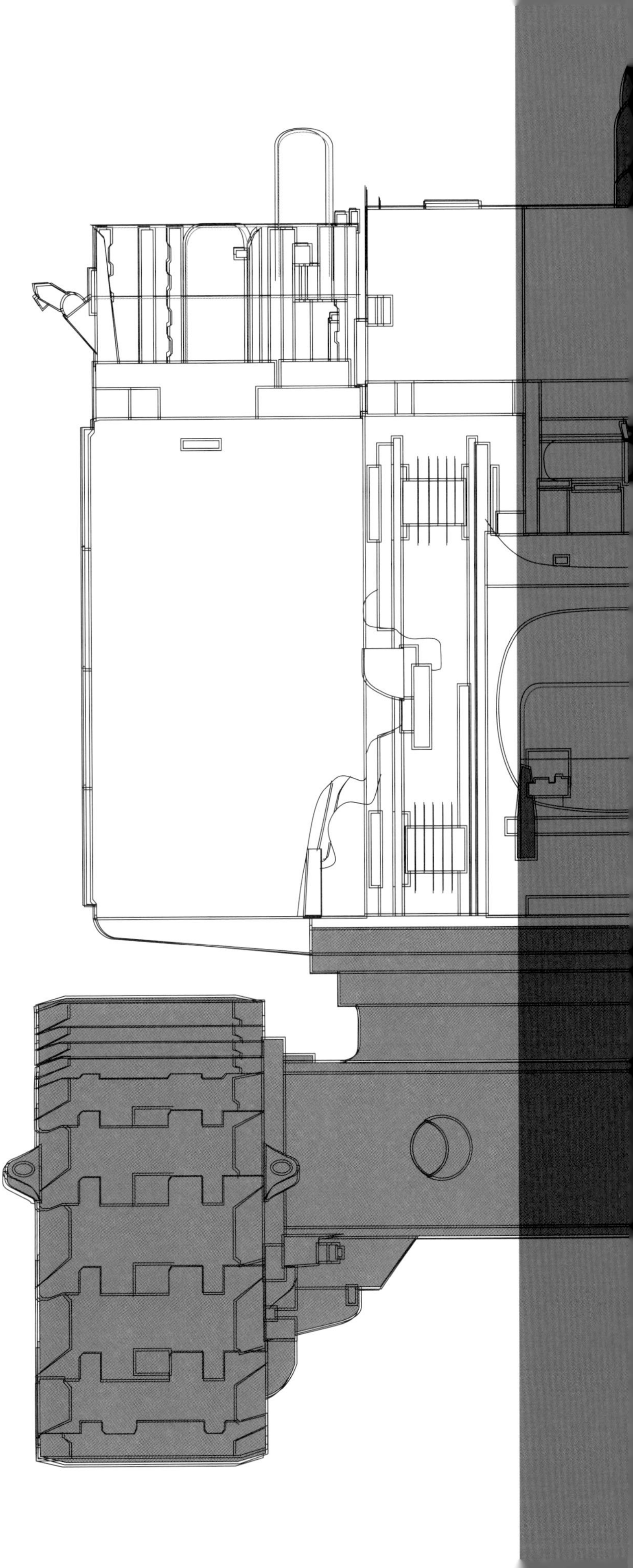

EXCAVATOR
パワーショベル

LIEBHERR
R9800

大規模な露天掘り鉱山などに向けて開発された、重量800tに及ぶ世界最大級のモンスターマシンだ。あまりの巨大さに移動時の最高速度はわずか2.6km/hと、作業時の旋回速度の方が早いくらいだ。ビルの４階まで届くアームを持ち、10tダンプ８台分の容量を持つバックホーなどが装備できる。

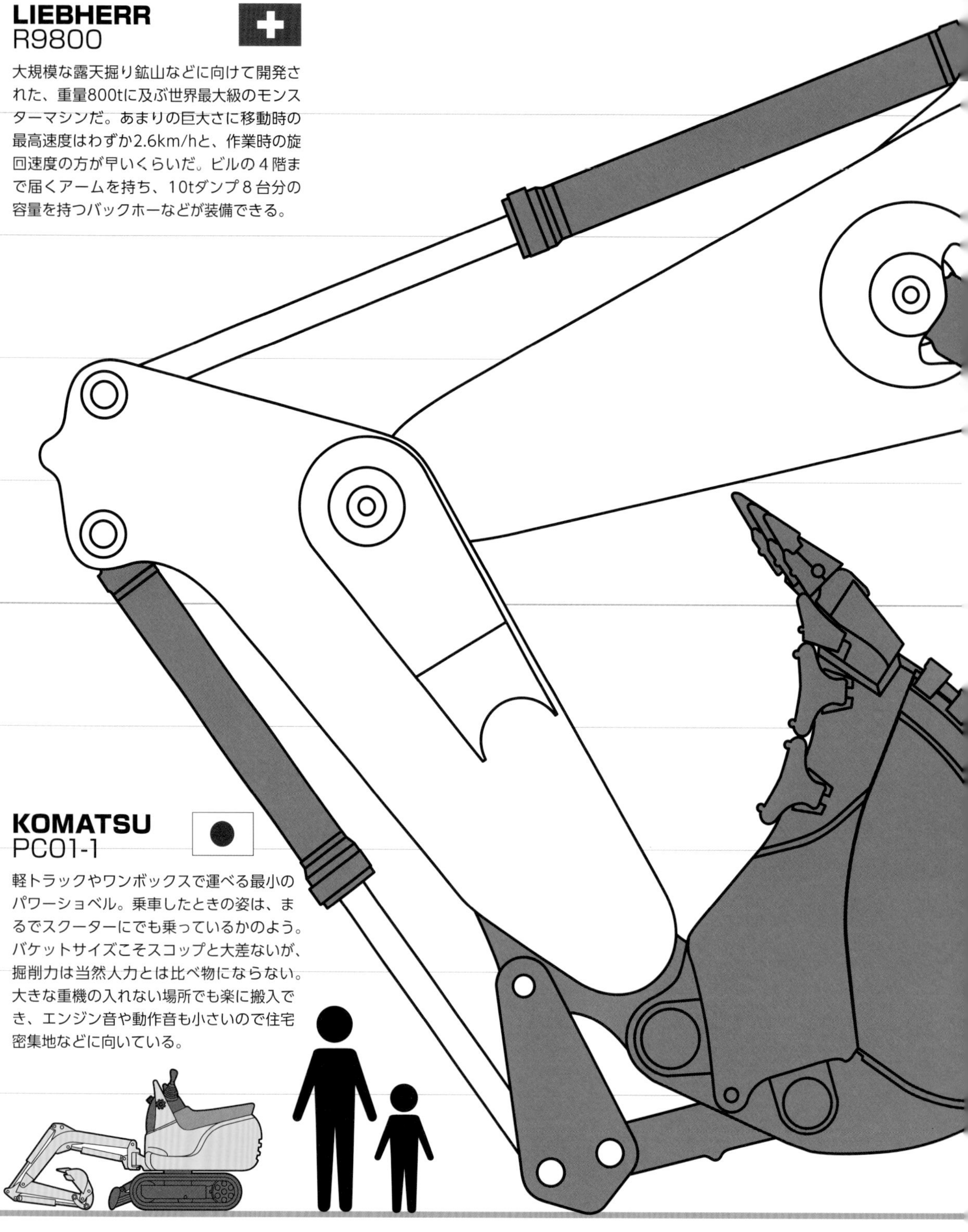

KOMATSU
PC01-1

軽トラックやワンボックスで運べる最小のパワーショベル。乗車したときの姿は、まるでスクーターにでも乗っているかのよう。バケットサイズこそスコップと大差ないが、掘削力は当然人力とは比べ物にならない。大きな重機の入れない場所でも楽に搬入でき、エンジン音や動作音も小さいので住宅密集地などに向いている。

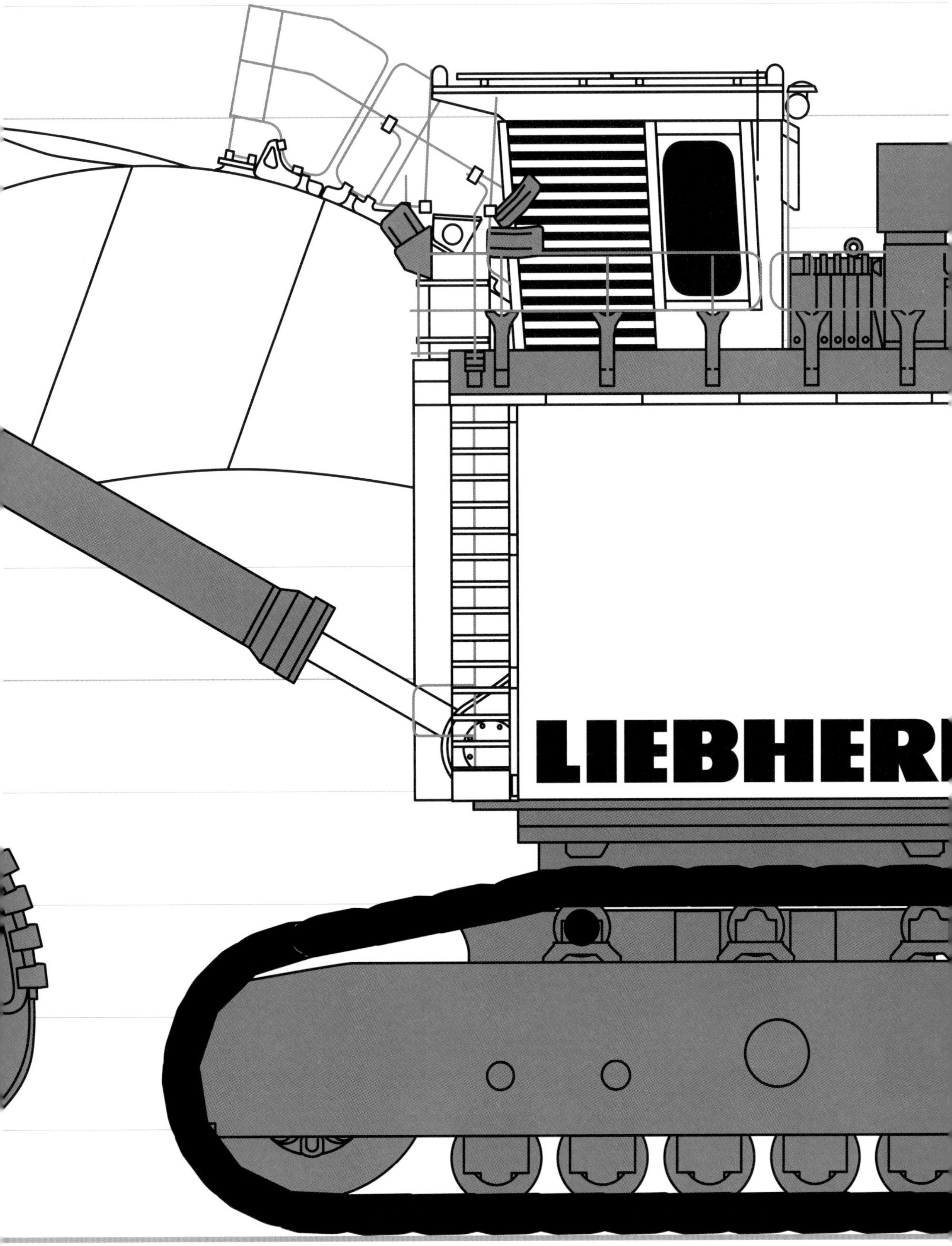
LIEBHERR

LIEBHERR R9800

バックホーアタッチメント

R9800は、大規模な露天掘り鉱山などに向けて2008年に開発された。ビルの４階まで届くアーム、10tダンプ８台分の容量を持つバックホーなどを装備するモンスターマシンだ。巨大なだけではなく、エンジンには「エコモード」を実装し、CO2排出量の削減など環境にも配慮している。

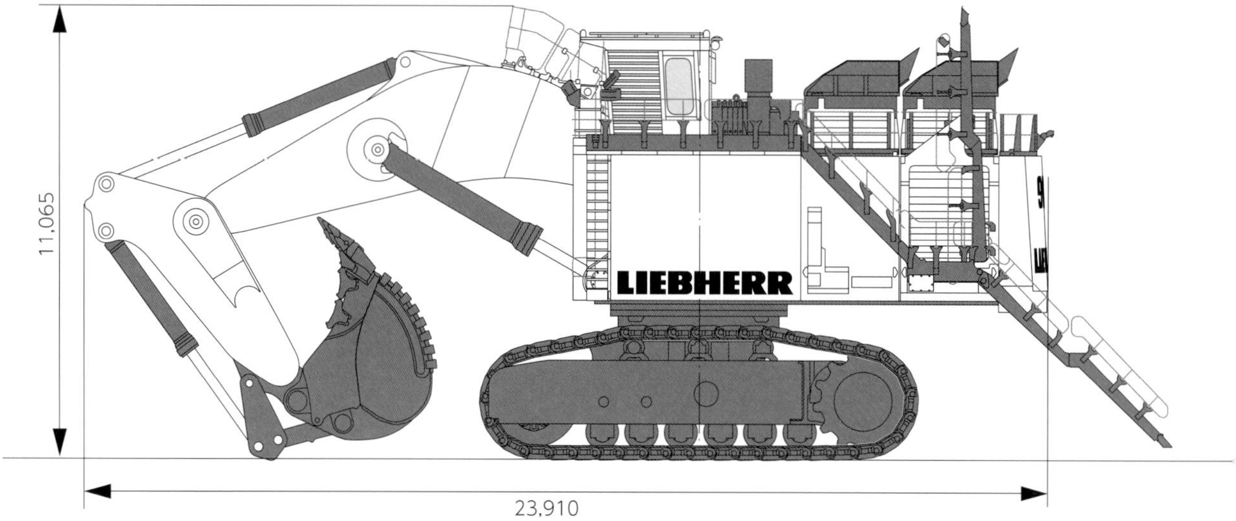

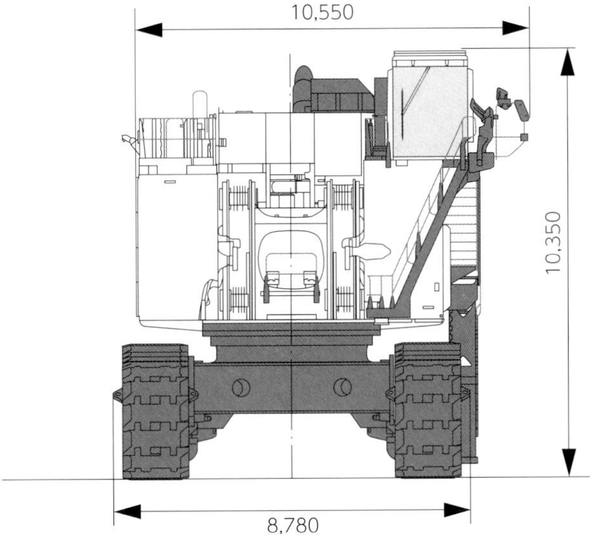
10,550
10,350
8,780

バックホーの可動範囲

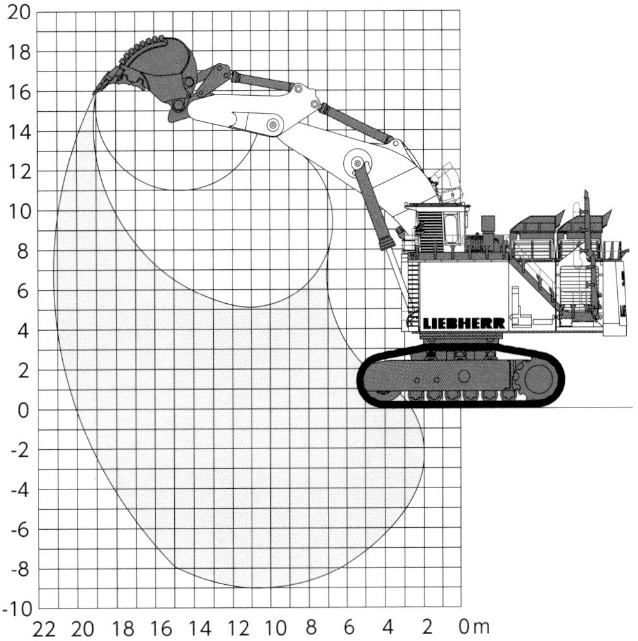
20
18
16
14
12
10
8
6
4
2
0
-2
-4
-6
-8
-10
22 20 18 16 14 12 10 8 6 4 2 0m
LIEBHERR

9800
LIEBHERR
LIEBHERR

LIEBHERR R9800

フェイスショベルアタッチメント

R9800にはバックホーの他にフェイスショベルアタッチメントが用意されている。
フェイスショベル装着時にはアームごと変更されるので、見た目が大きく変わることになる。

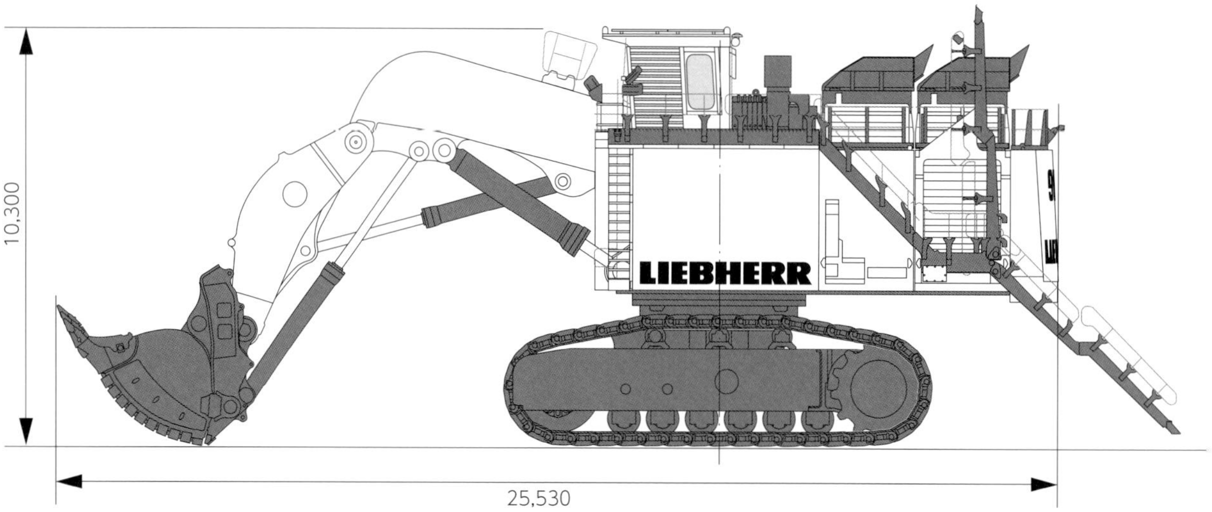

項目	
全長（バックホーアタッチメント）	23,910mm
全長（フェイスショベルアタッチメント）	25,530mm
全高	11,065/10,350mm
全幅	10,550mm
エンジン形式	16 気筒 V 型ディーゼルエンジン
エンジンモデル	Cummins QSK 60 × 2機
排気量	60,000cc
定格出力（1800rpm）	2,984kW
最大スイング速度	3.60rpm
バックホーアタッチメント付きの操作重量	800t
バックホーバケット容量	47.50m^3
フェイスショベルアタッチメント付きの操作重量	810t
フェイスショベルバケット容量	40m^3

フェイスショベルの可動範囲

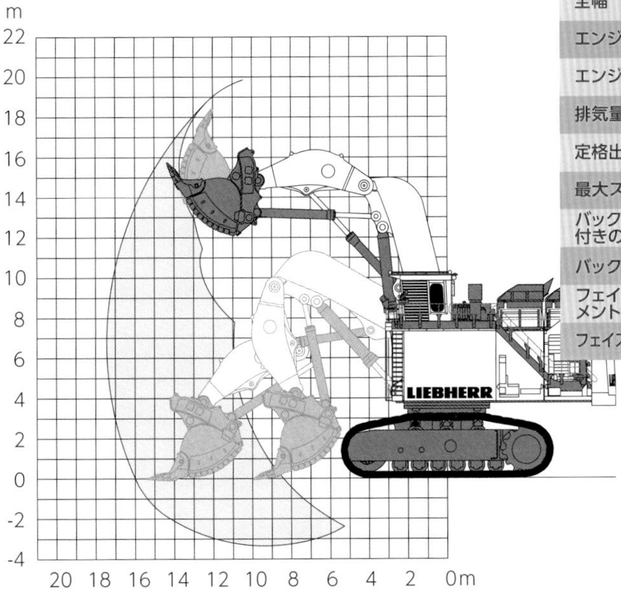

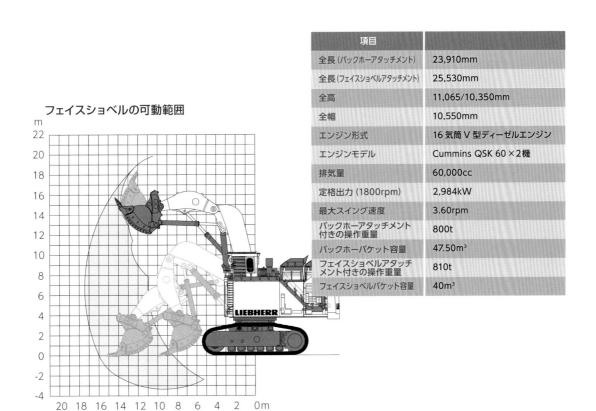

KOMATSU
PC01-1

項目	
全長	2,100mm
全高	1,100mm
全幅	580mm
エンジン形式	4 サイクル・空冷式
エンジンモデル	ホンダ GX160T2
排気量	163cc
定格出力（3000rpm）	3.5ps
最小旋回半径	850mm
接地圧	16.7kPa
バケット容量	0.008m^3
最大掘削力（ISO 6015）	1,760kN
最大掘削高さ	1,850mm

軽トラックでも運搬可能なコンパクトボディはわずか車幅580mm。人間の肩幅とほぼ同じサイズなので、人間が入れる場所ならどこでも作業が可能。３種のバケットやリッパなど、豊富なアタッチメントが用意されているので、小さいながらも一人前の重機として仕事ができる。

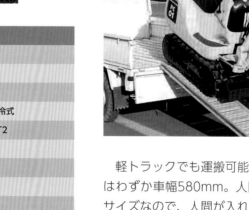

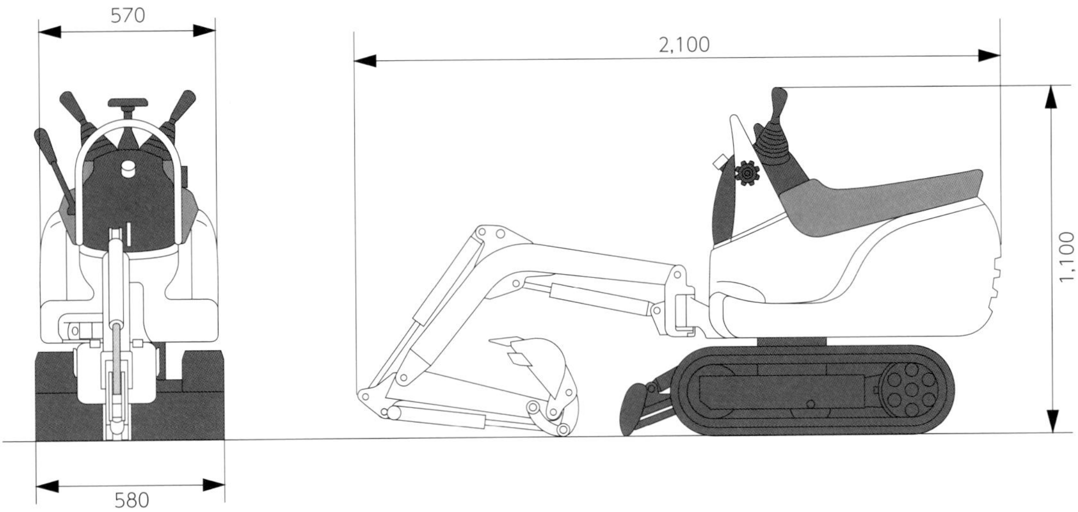

ショベルの可動範囲

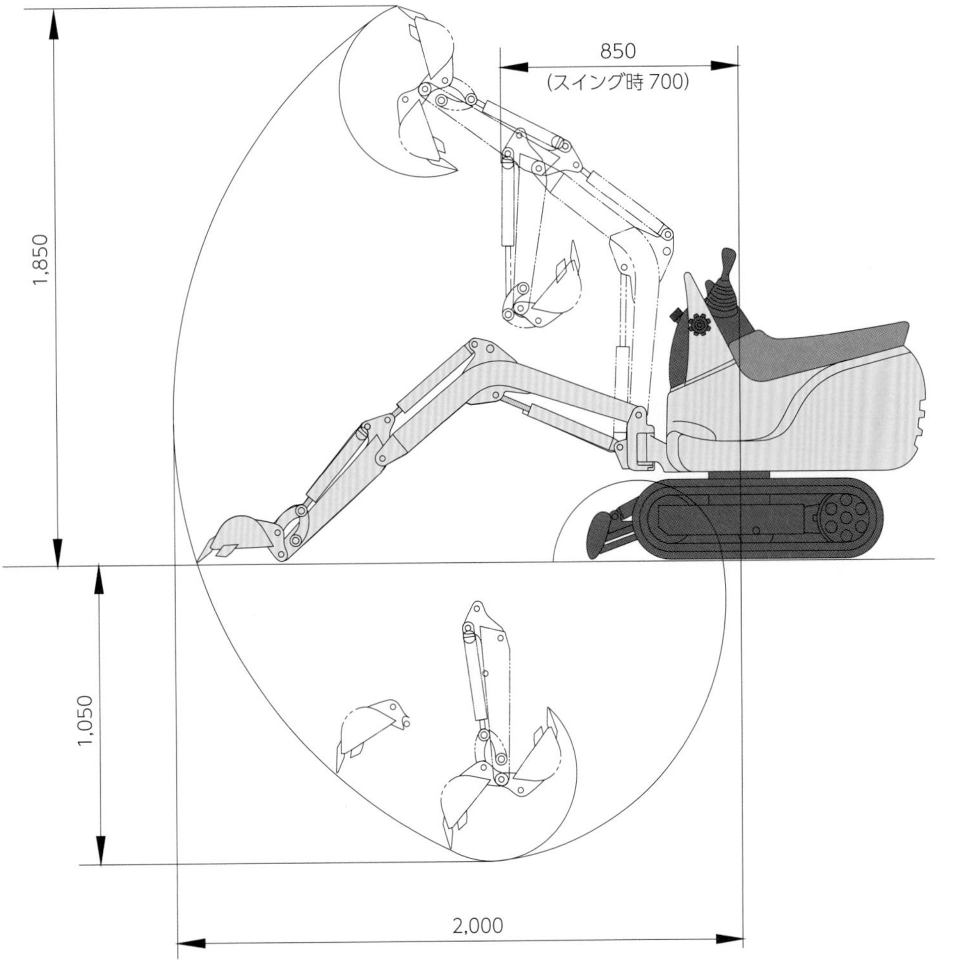

ROPE SHOVEL
ロープショベル

P&H
4800XPC

2019年11月にデビューしたばかりの最新鋭にして最大級のロープショベル。初投入されたカナダの露天掘り炭鉱で2か月がかりで組み立てられた。4800XPCは、その前身である4100XPCと比較すると、生産量が最大 20% 増加し、1トンあたりのコストを最大 10% 削減するという。

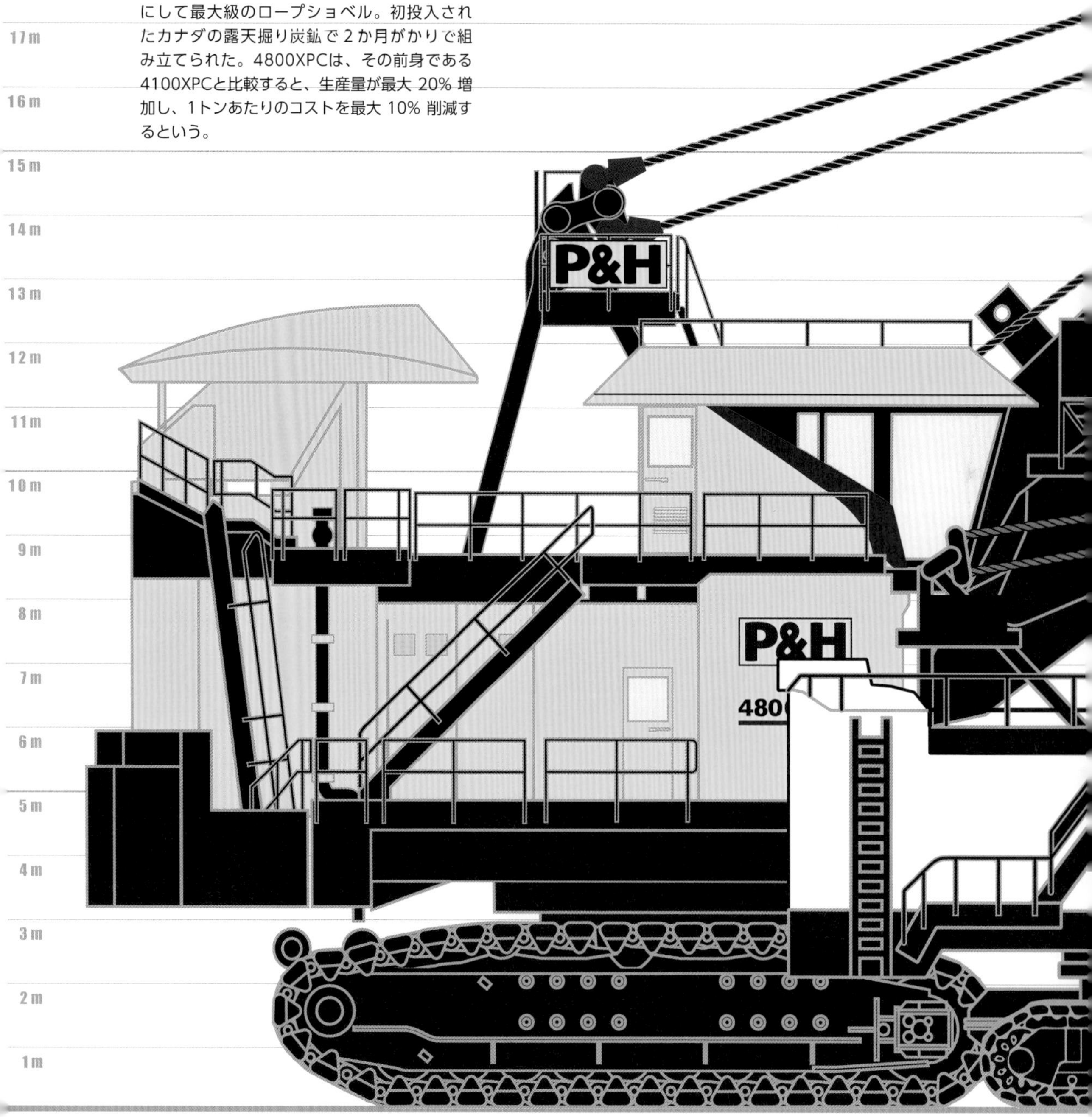

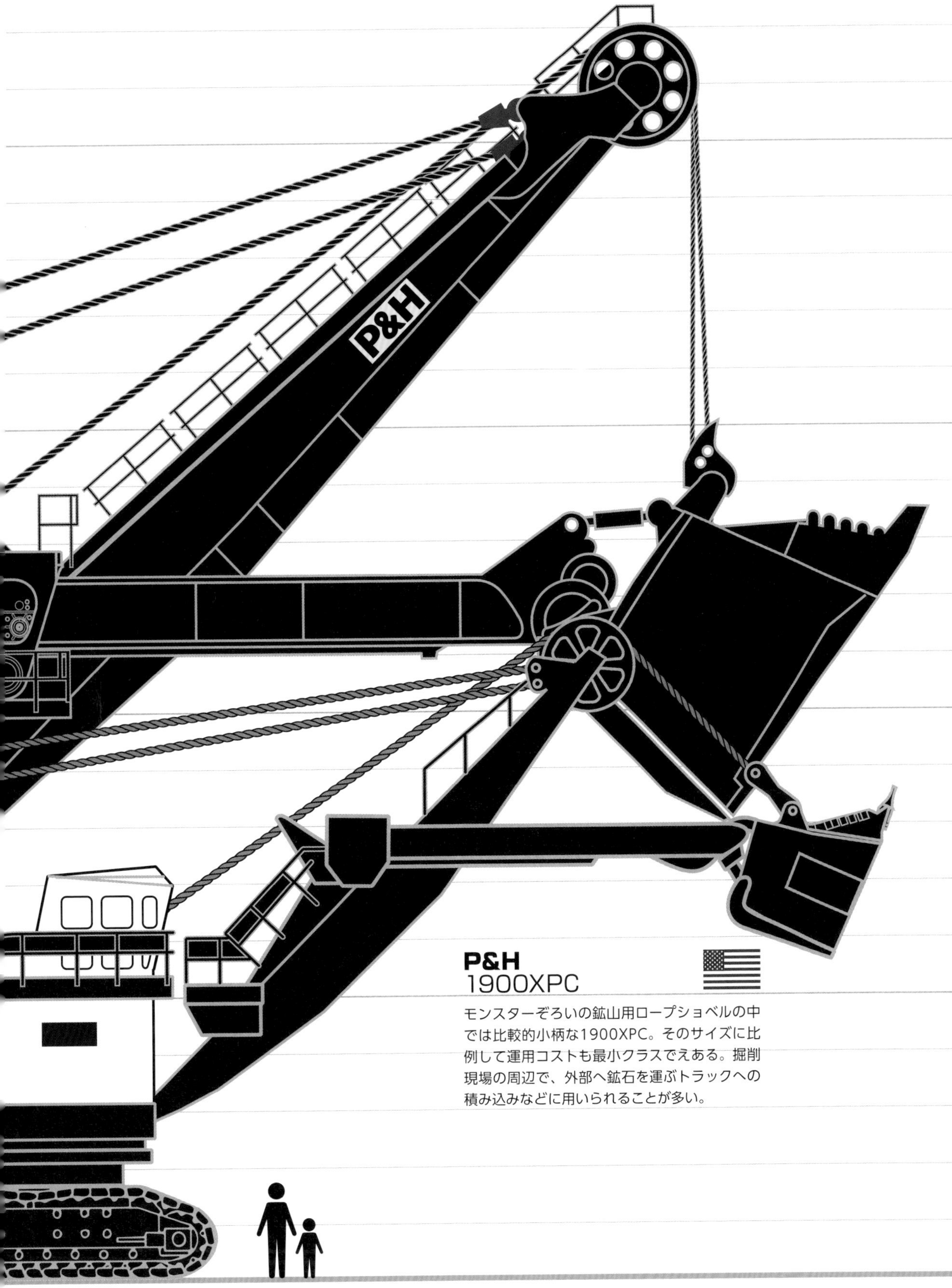

P&H
1900XPC

モンスターぞろいの鉱山用ロープショベルの中では比較的小柄な1900XPC。そのサイズに比例して運用コストも最小クラスでえある。掘削現場の周辺で、外部へ鉱石を運ぶトラックへの積み込みなどに用いられることが多い。

P&H
4800XPC

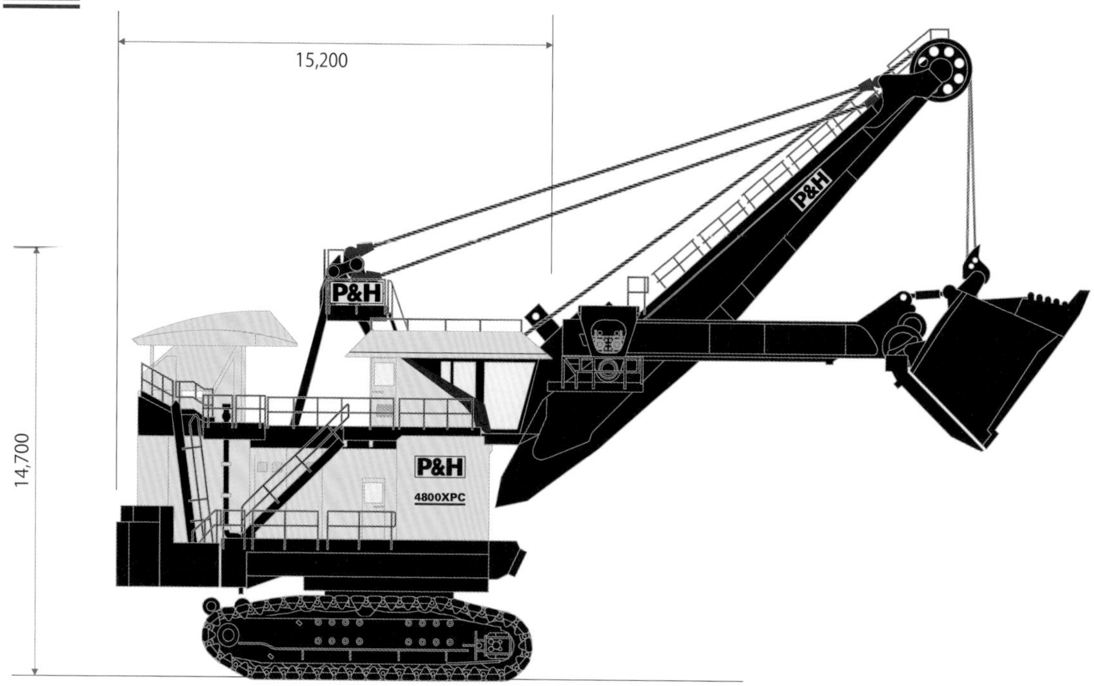

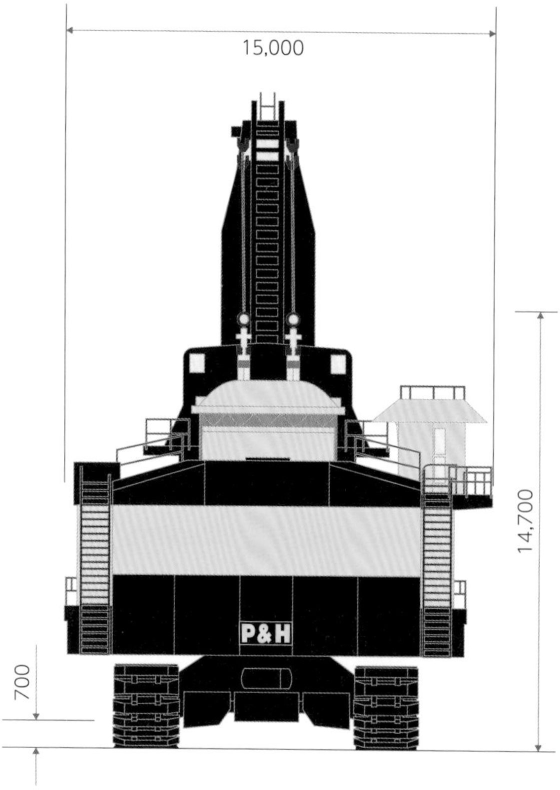

P&Hが投入した最新かつ最大のマイニングマシン。その巨大なペイロードによって、採掘量1トンあたりのコストを下げることができるだけでなく、高耐久部品と高強度合金の使用により、90％以上の稼働率を達成できる信頼性の高い機械である。

項目	
全長	15,200mm
全高	14,700mm
全幅	15,000mm
供給電圧	7200 or 13800V
周波数	三相交流 60Hz
ペイロード	122.5t
ディッパー容量	72.5 ～ 77.6m^3

ショベルの可動範囲

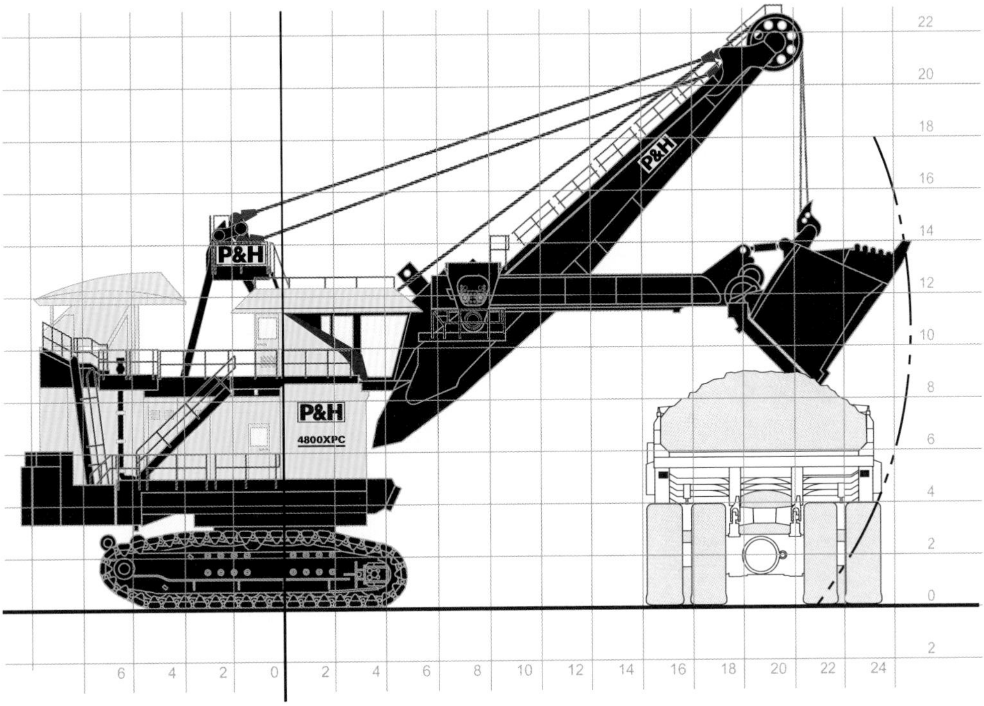
P&H
P&H
P&H
4800XPC
22
20
18
16
14
12
10
8
6
4
2
0
2
6 4 2 0 2 4 6 8 10 12 14 16 18 20 22 24

P&H
P&H
JOY
P&H 4800XPC
JOY
P & H

OTHER MAXI MACHINE

CAT 7495

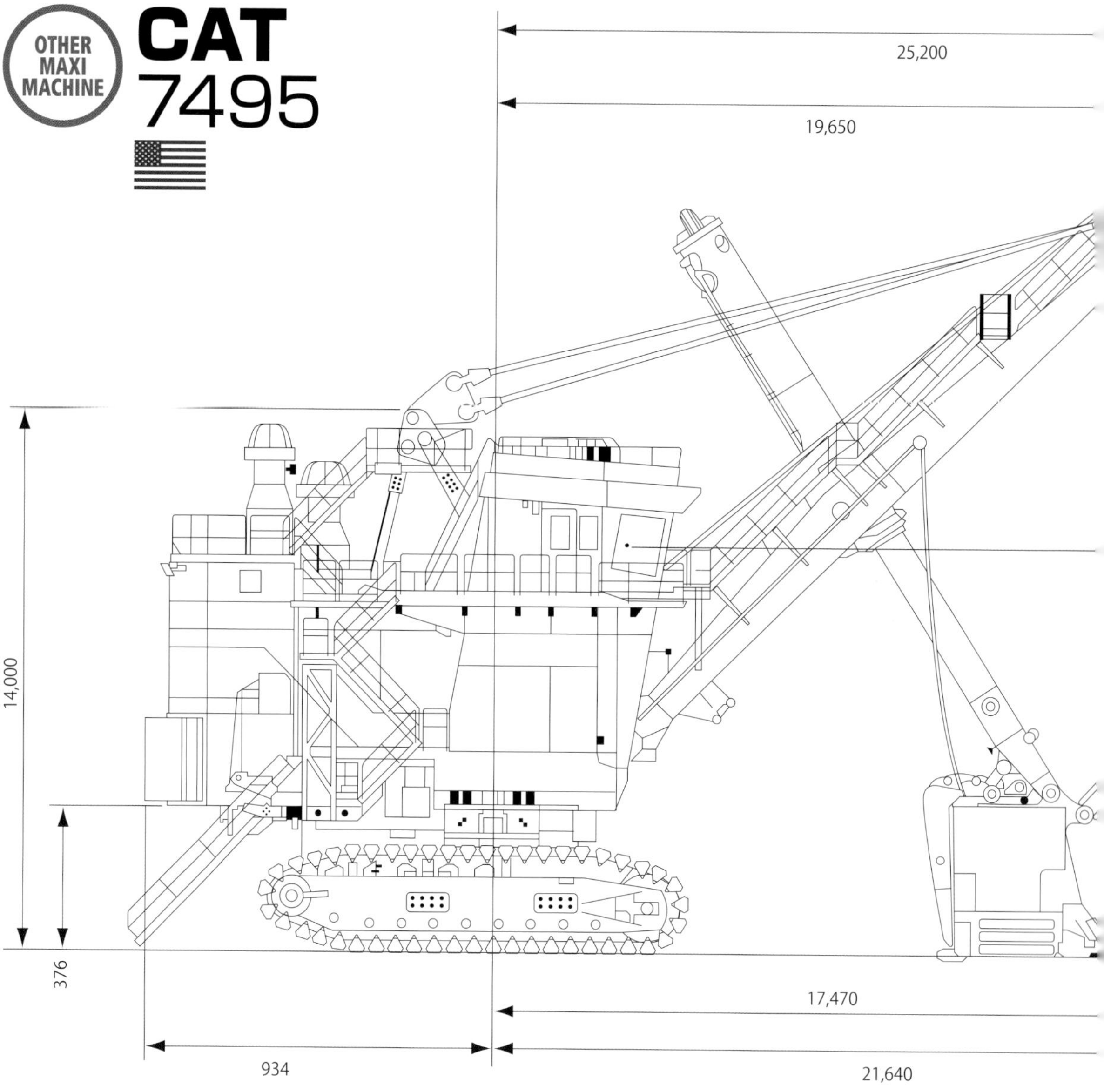

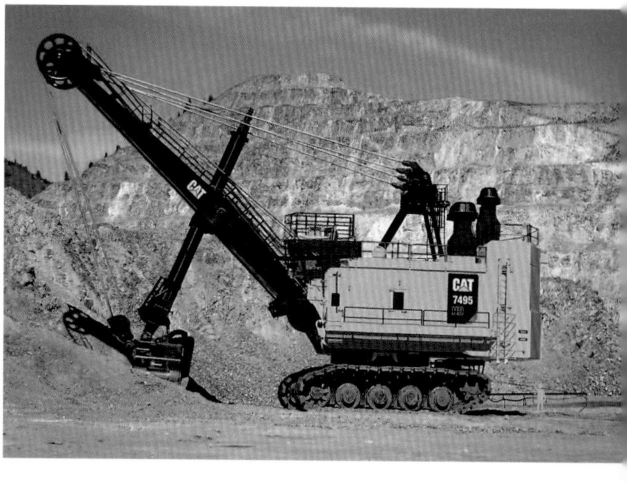

重機メーカーとして有名なキャタピラー社の最大級ロープショベル。このクラスの機種としては初めてアフリカに導入された。ボツワナのダイヤモンド鉱山の過酷な環境下でも25,000時間を超える稼働実績を残している。2019年末から新しい電気駆動システムが搭載され、さらに信頼性や安全性の向上を図っている。

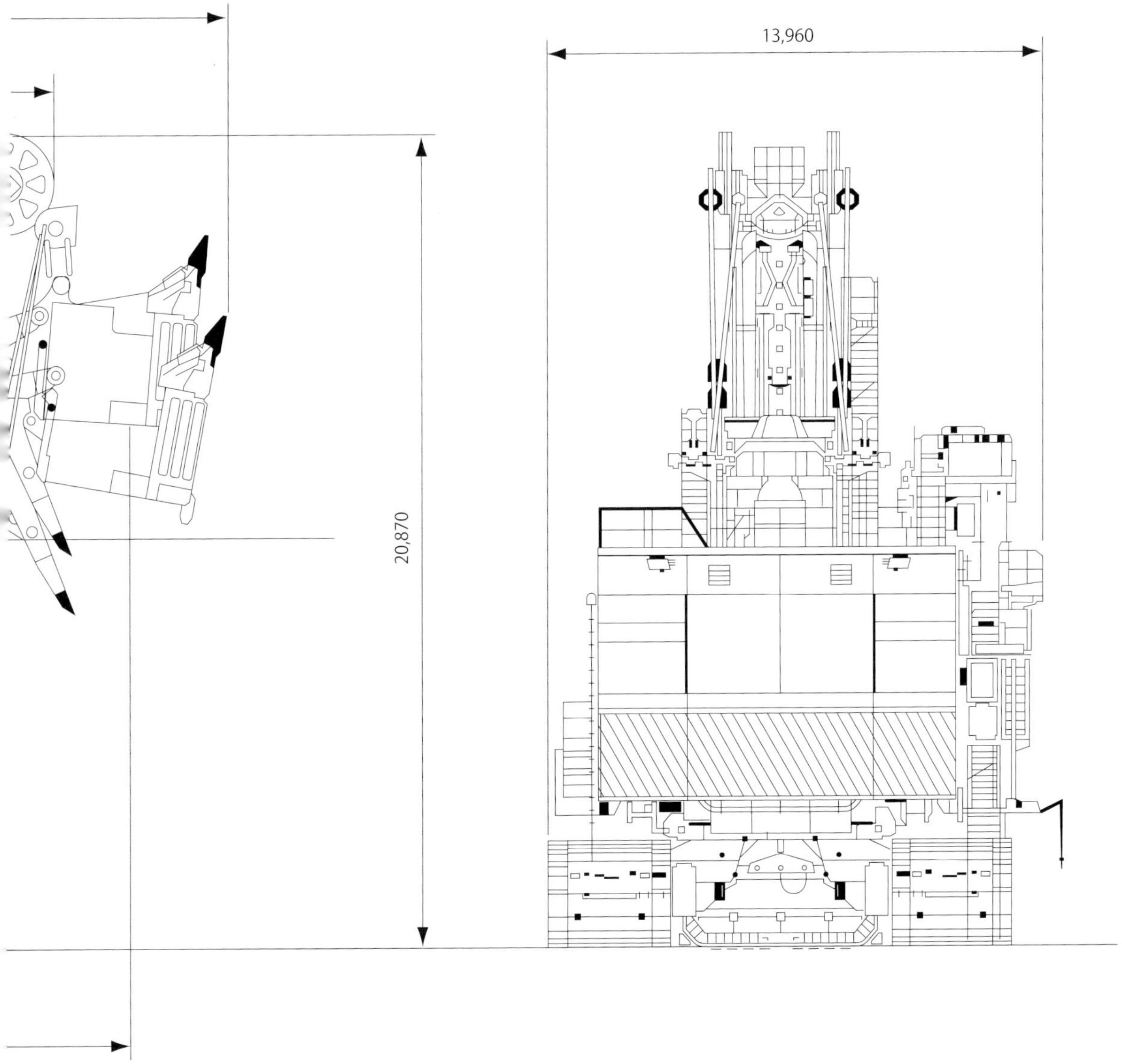

項目	
全長	28,990mm
全高	20,870mm
全幅	13,960mm
供給電圧	6,000V、6,600V、7,200V、11,000V
周波数	50Hz
ペイロード	90t
ディッパー容量	27.5 ~ 60.4m³

掲載されている図面はキャタピラー社からのデータをもとに、描き起こしたものです

P&H
1900XPC

大規模掘削現場にあっては目立たない印象の1900XPCだが、10tダンプへの積載にはジャストサイズということでなかなか重宝する機体である。ショベルや機体の状態を監視するソフトウェアの搭載も相まって、運用コストも低めに抑えることができる。

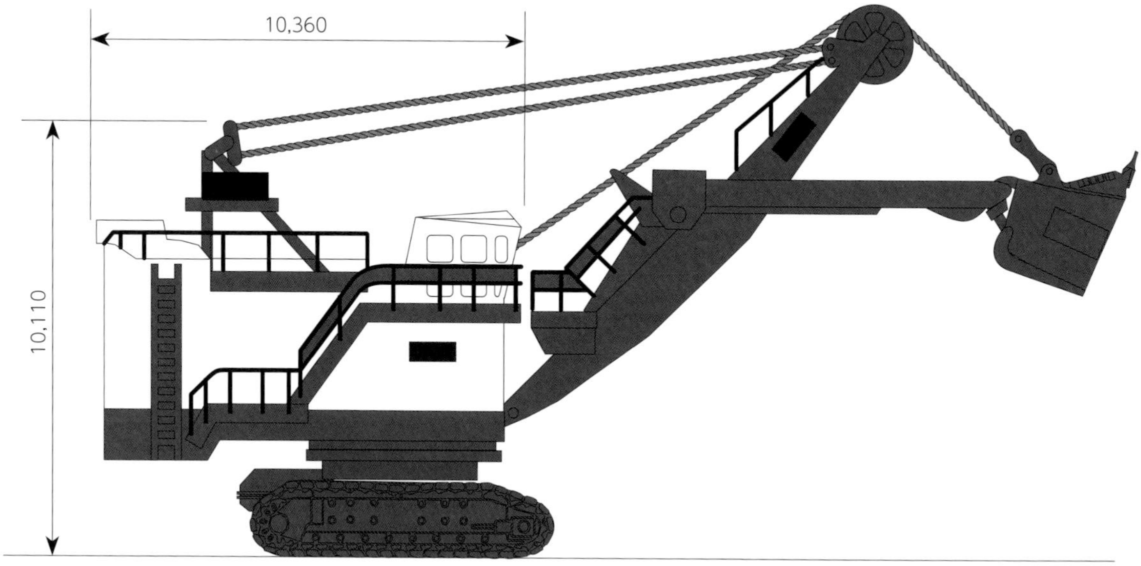

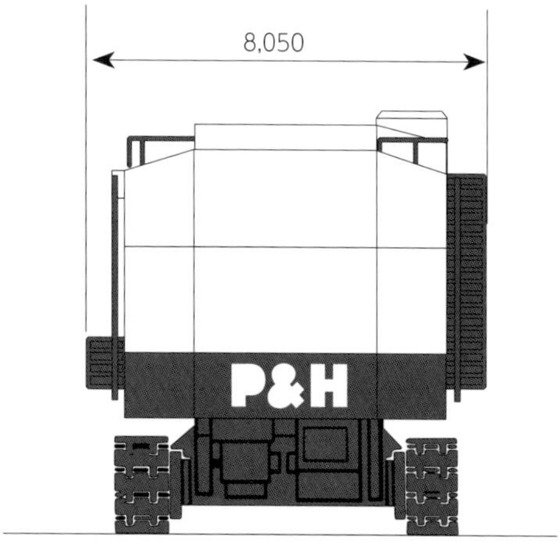

項目	
全長	10,360mm
全高	10,110mm
全幅	8,050mm
供給電圧	2400 / 4160 V
周波数	三相交流 60Hz
ペイロード	18t
ディッパー容量	$10.7m^3$

ショベルの可動範囲

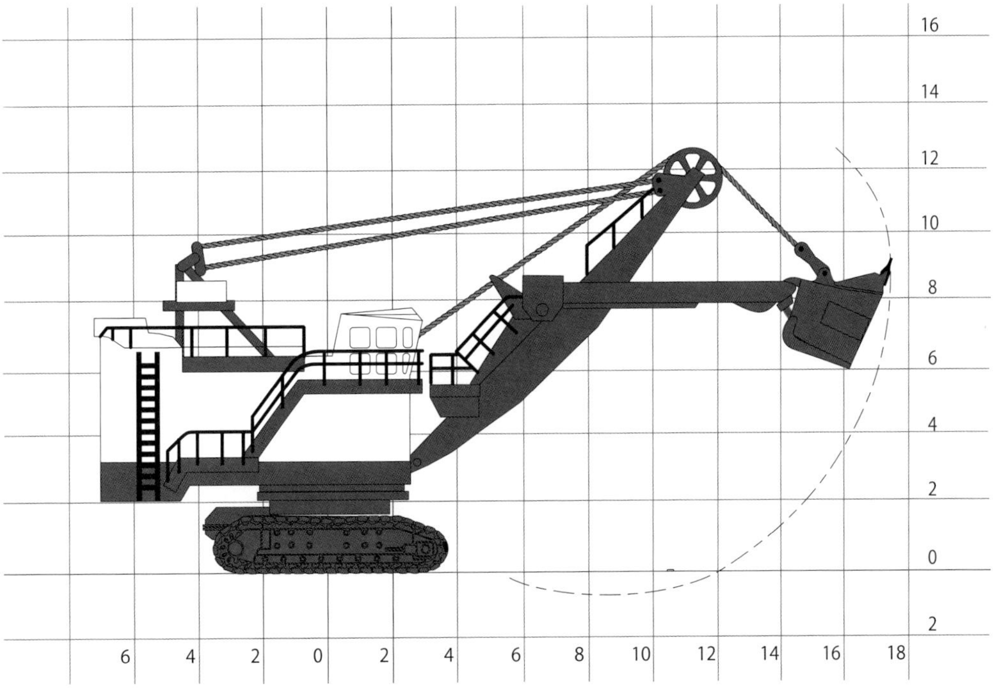

OTHER MINI MACHINE

CAT 7295

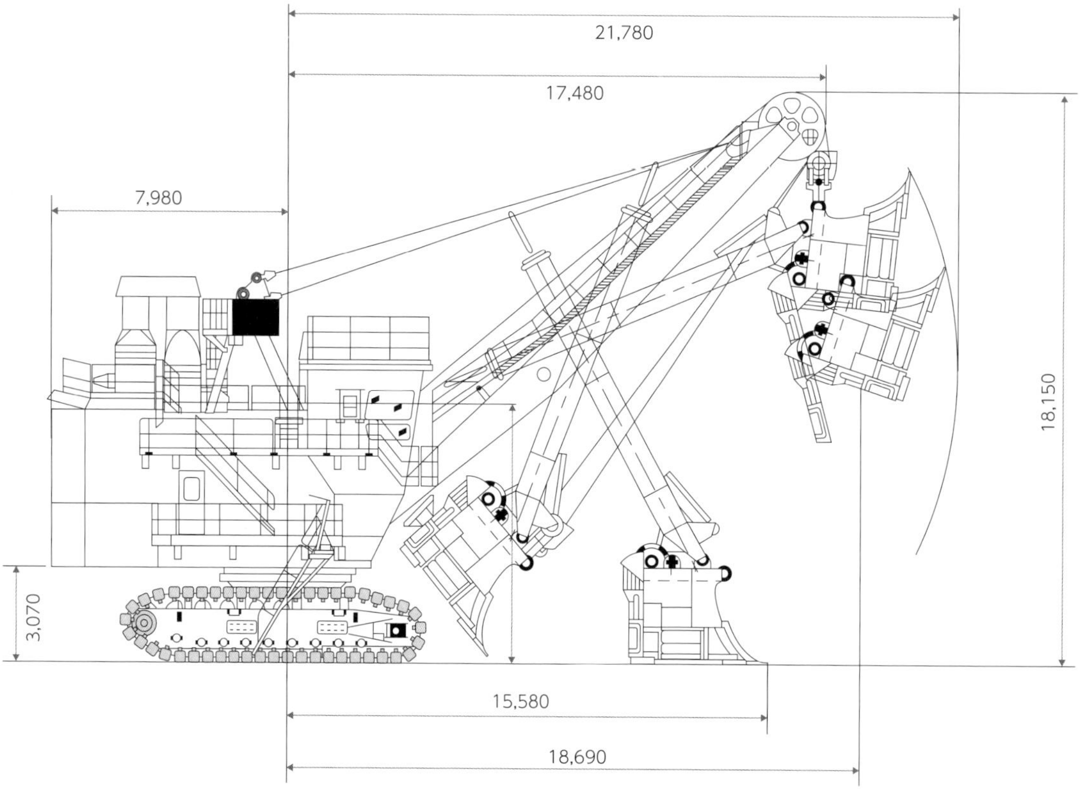

掲載されている図面はキャタピラー社からのデータをもとに、描き起こしたものです

CAT®から市販されているロープショベルの中で最も小柄なのが7295だ（クラスとしてはミドルレンジになる）。そのペイロードは50トンとフラッグシップモデルの7495に比べると見劣りはするものの、CAT® 785、789、793などのマイニングトラックと組み合わることで、非常に効率よく運用することができるよう設計されている。

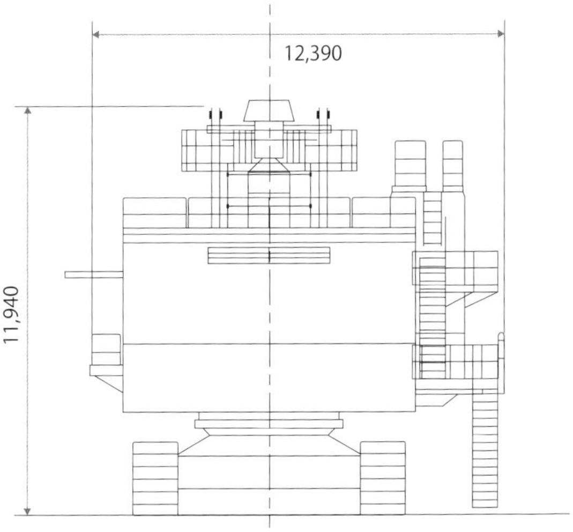

項目	
全長	15,200mm
全高	11,900mm
全幅	12,390mm
供給電圧	4,160V6,000V, 6,600V, 7,200V
周波数	三相交流 50/60 Hz
ペイロード	50t
ディッパー容量	19.1 ～ 38.2m^3

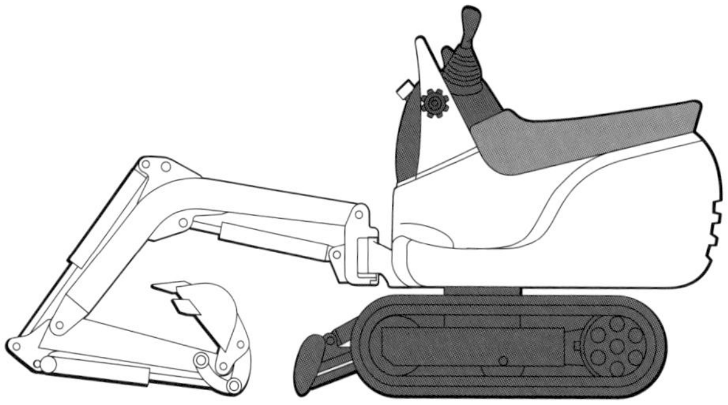

凝らす

Dozer

土砂をかき、盛土、整地に用いる機械

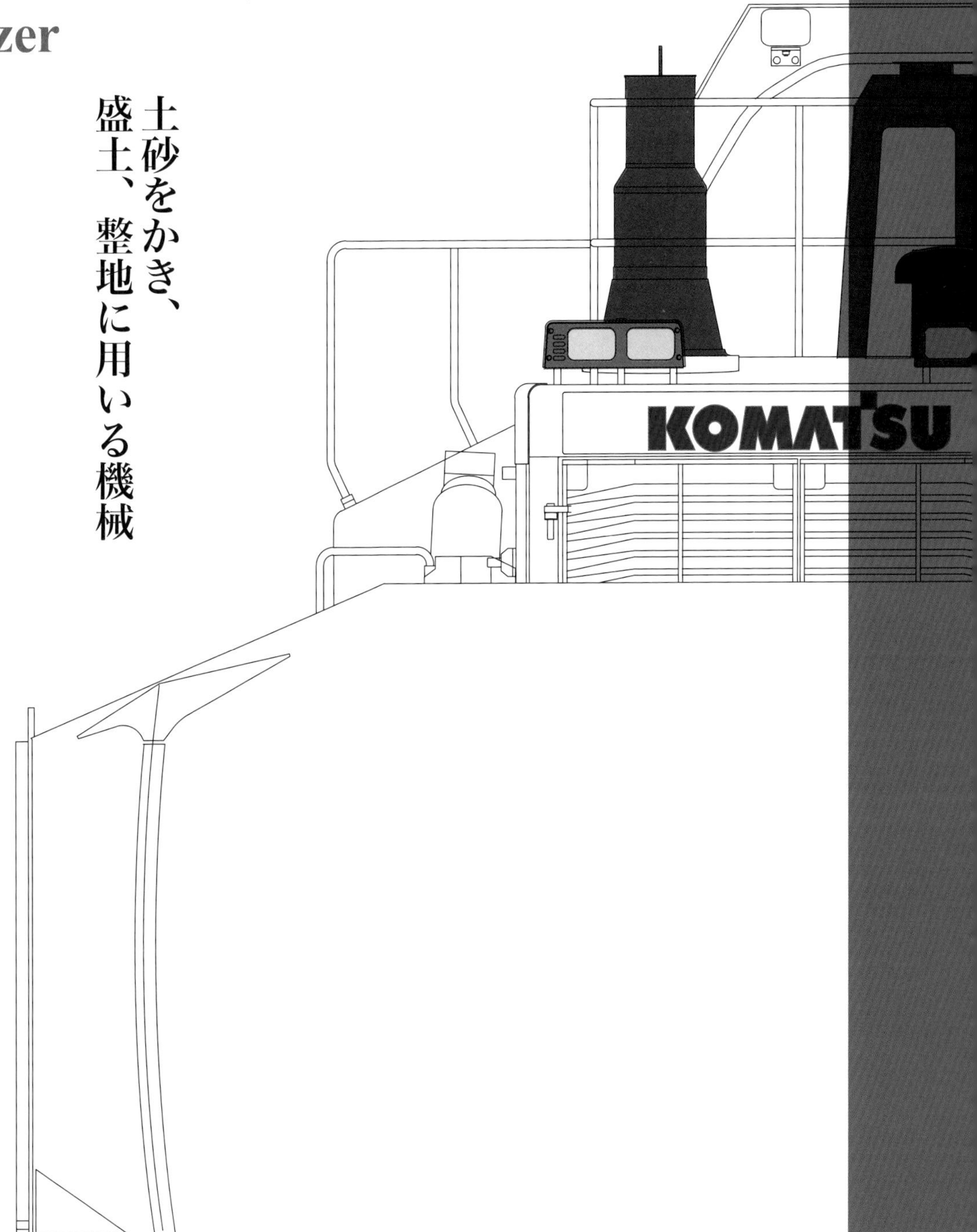

BULLDOZER
ブルドーザー

KOMATSU
D575A

1991年に重機市場に投入されたD575は、それまで最大を誇っていたCAT D11を超える巨大ブルドーザーである。現行のD575A-3は2001年に改修されたモデルで、パワーだけではなく、環境に配慮した進化をしている。

KOMATSU
D20A

道路工事などでよく見かけるようになった超小型ブルドーザーだが、そのコンパクトなボディには最新技術が詰め込まれている。騒音、排ガスを抑えるのは元より、IT技術の導入により管理も容易になっている。

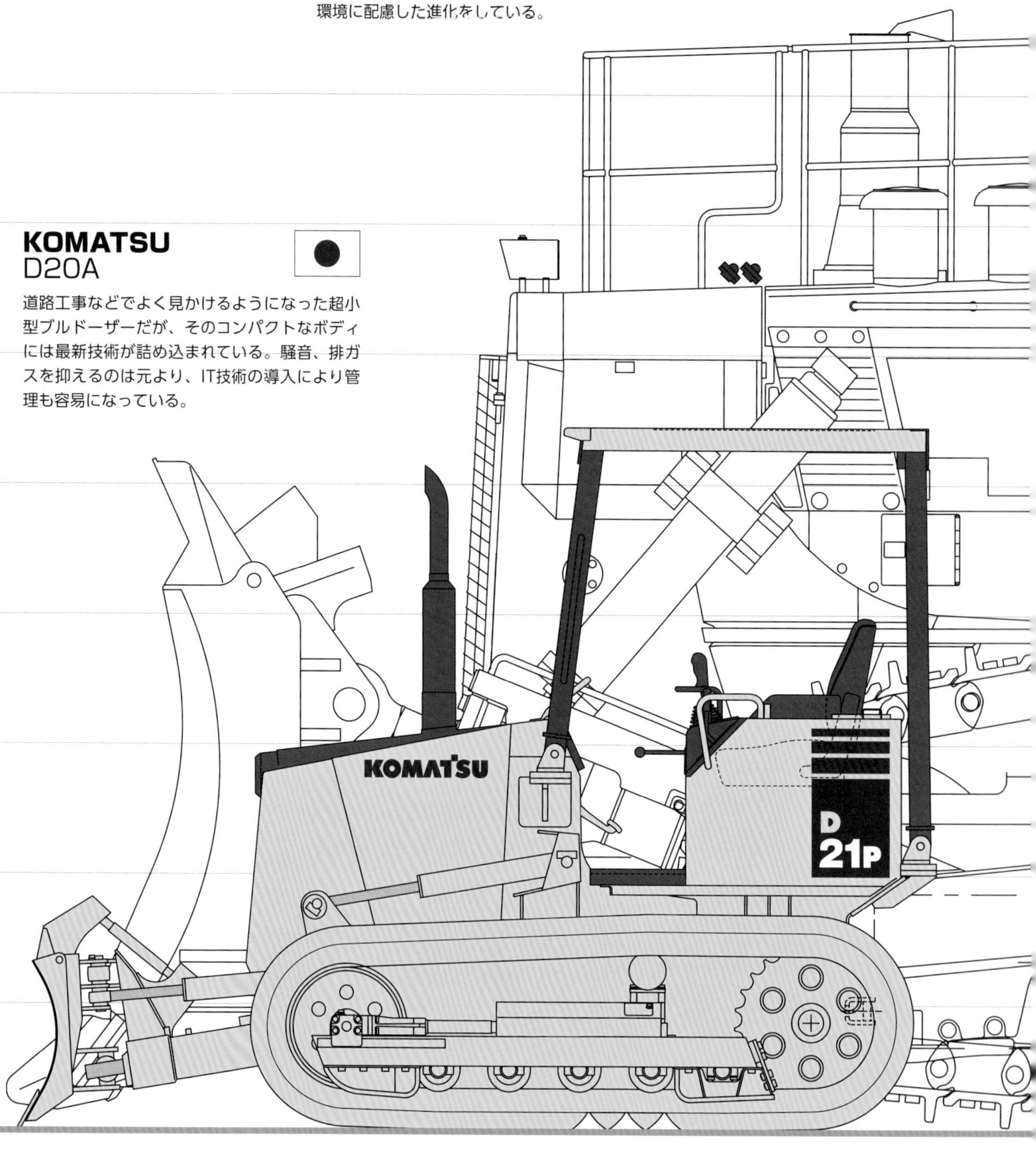

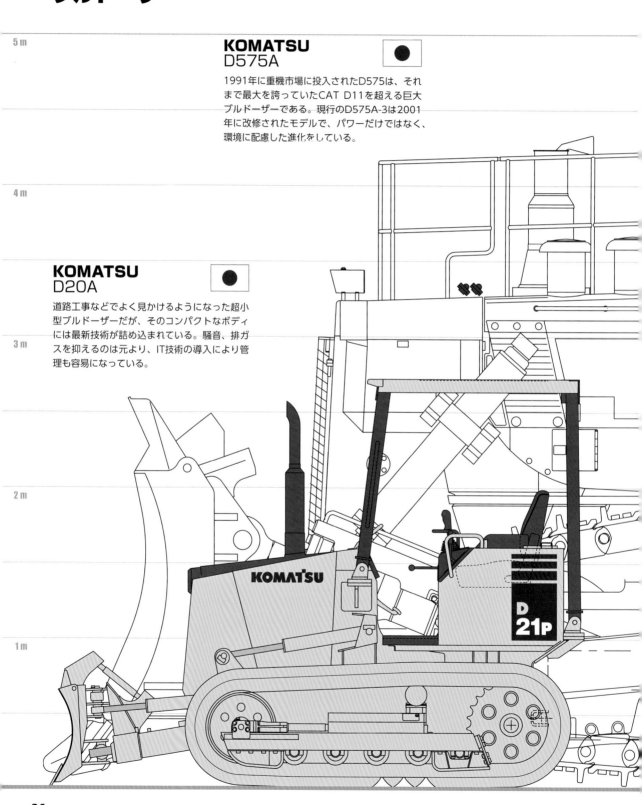

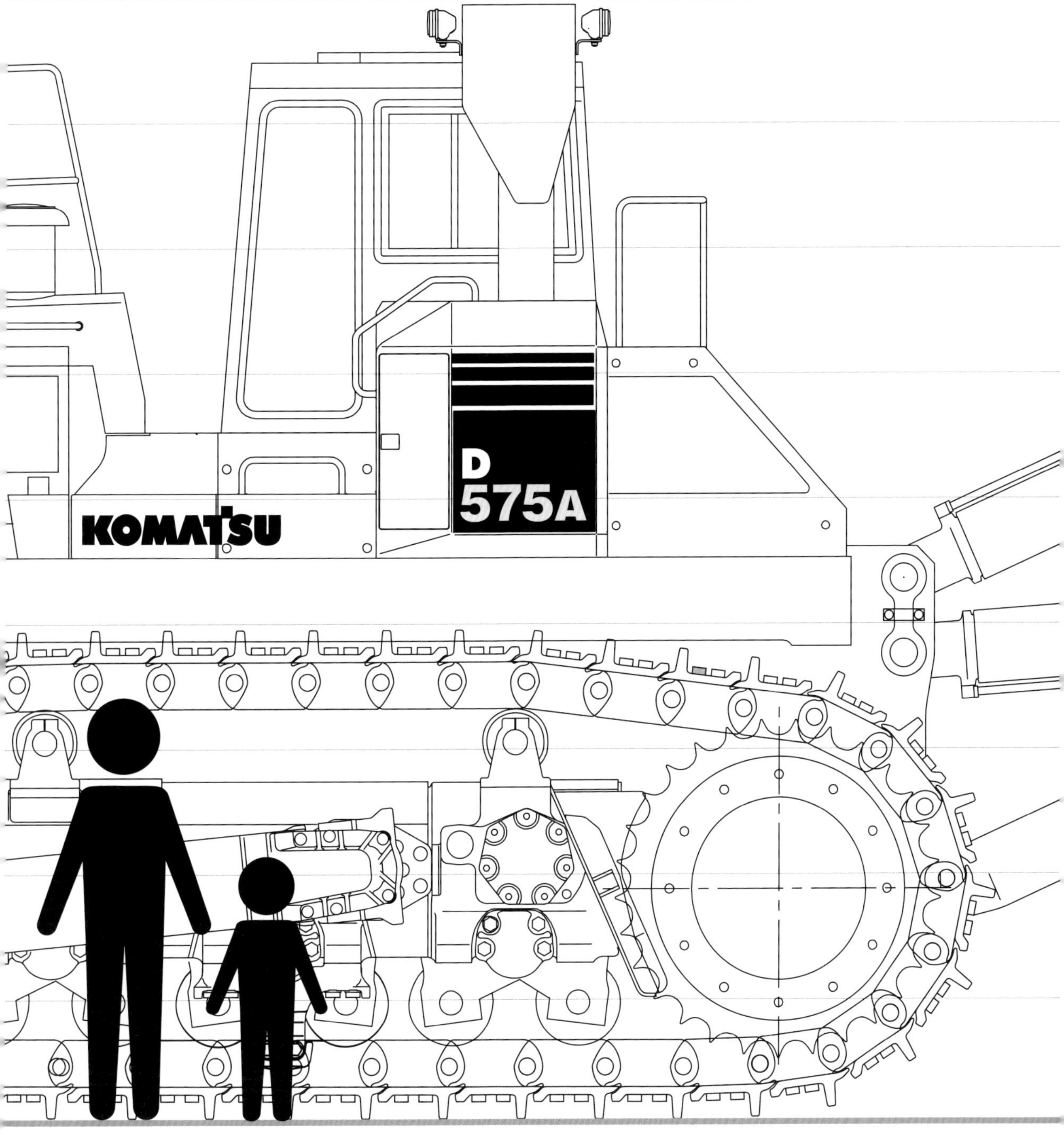
KOMATSU
D
575A

KOMATSU D575A

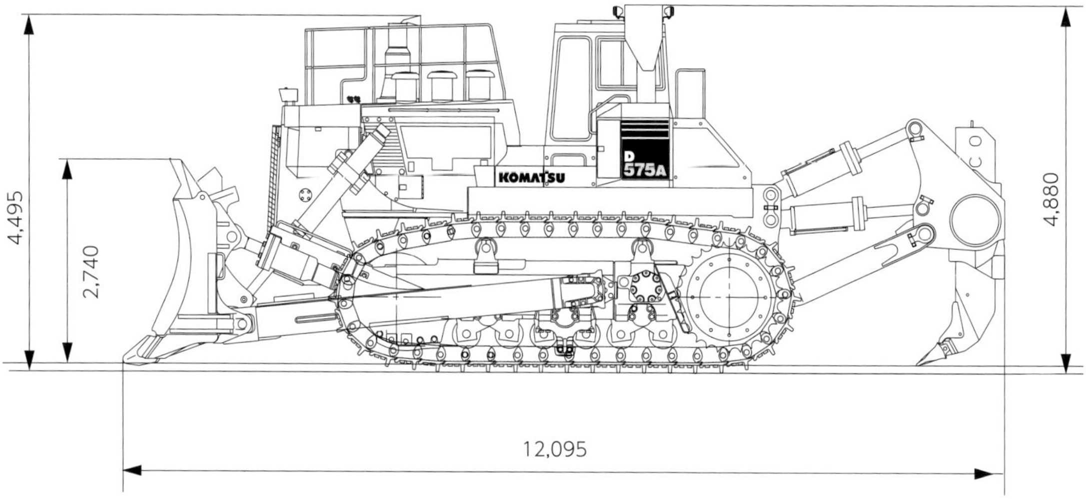

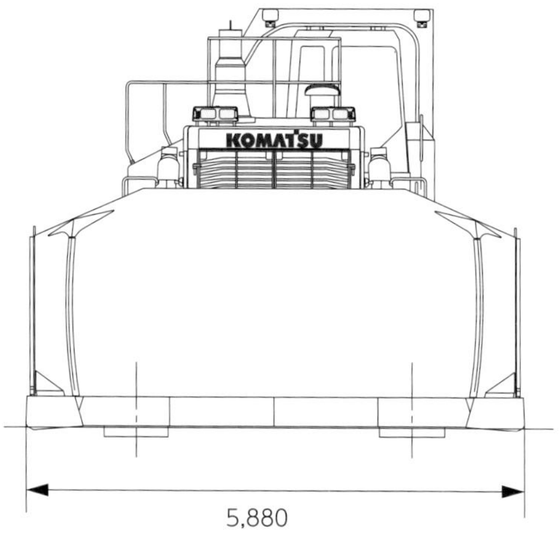

1991年の発売以来、さまざまな改修を経て現在でも通用する最新マシンとして活躍している。特に安全面や環境への配慮に目を見張るものがある。D575Aの主なユーザーは、米国、カナダ、オーストラリアの露天掘り鉱山の事業者だが、大規模建設の現場で使用されることもある。

項目	
全長	12,095mm
全高	4,880mm
全幅	4,180mm
エンジン形式	ディーゼル
エンジンモデル	SA12V170E-2
排気量	46,300cc
エンジン出力	783kw
総重量	131350k

KOMATSU
D
575A

KOMATSU
D
575A

OTHER MAXI MACHINE

CAT® D11

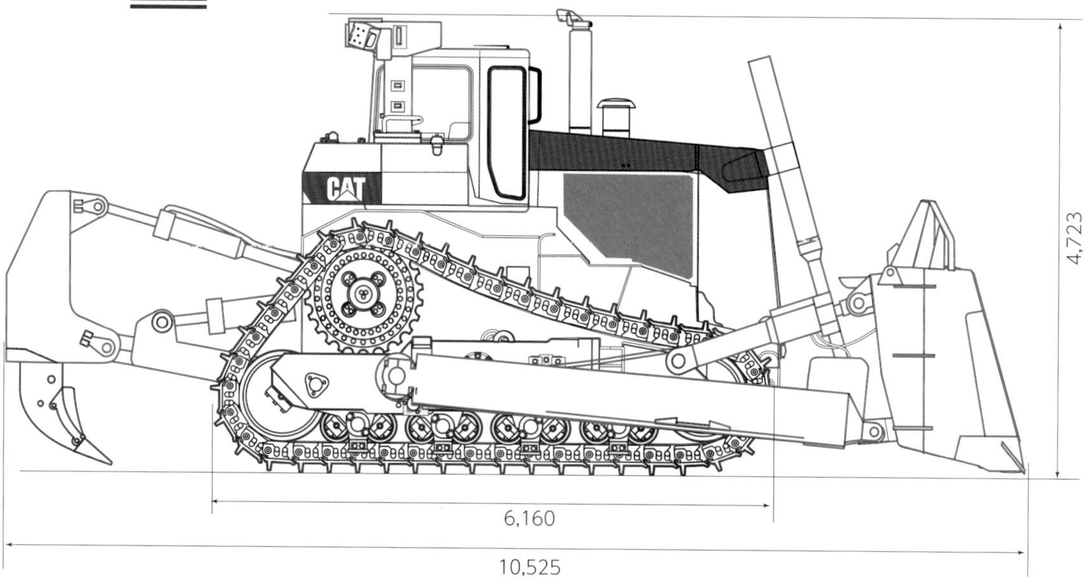

1986年2月の登場以来、コマツ D575Aが登場するまで、長年にわたって世界最大の座についていたのがこのCAT® D11だ。前身のD10からブレードやエンジンの改善によって10%以上も生産性が上がったと言われている。登場時に770馬力だった出力は後に850hp（630 kW）までアップしている。2018年にいたっても多数の機能強化が導入されている。

掲載されている図面はキャタピラー社からのデータをもとに、描き起こしたものです

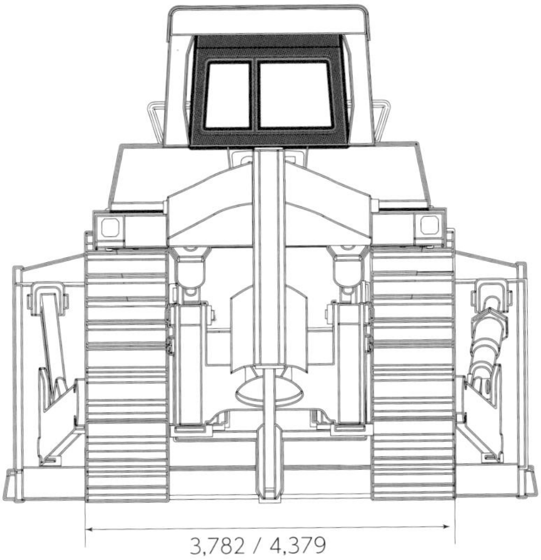

項目	
全長	10 525mm
全高	4723mm
全幅	3782/4379mm
エンジン形式	ディーゼル
エンジンモデル	Cat C32 ACERT
排気量	3,210cc
エンジン出力	634kW
最高速度（前進）	11.8km/h
最高速度（後進）	14.0km/h
運転質量	106,800kg
最大積載量	850kg

KOMATSU
D20A

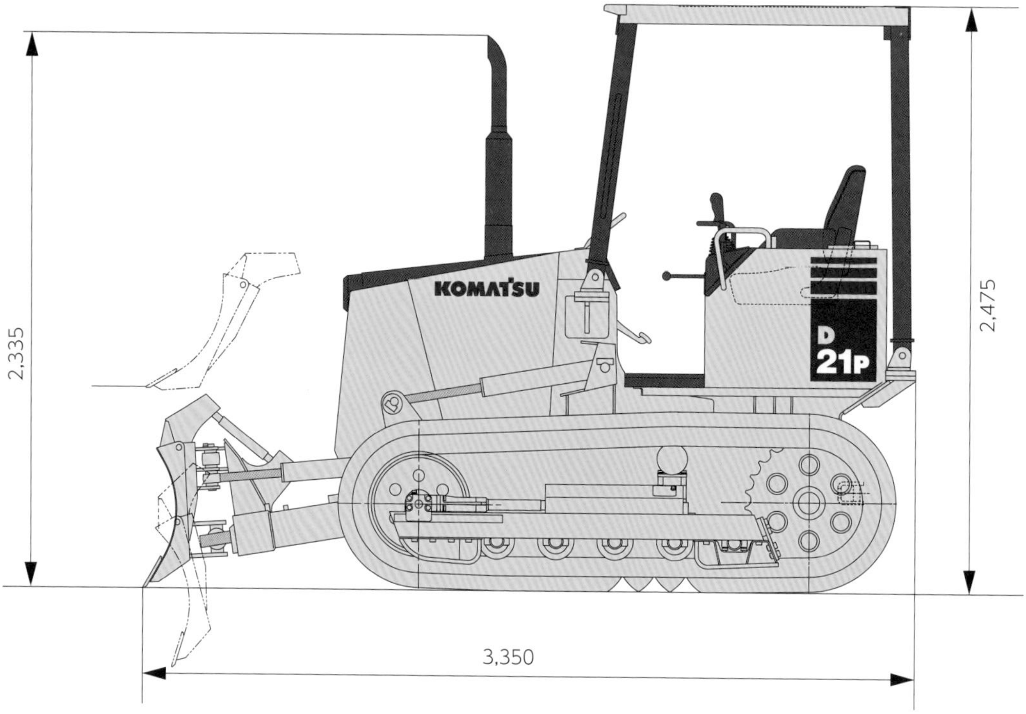

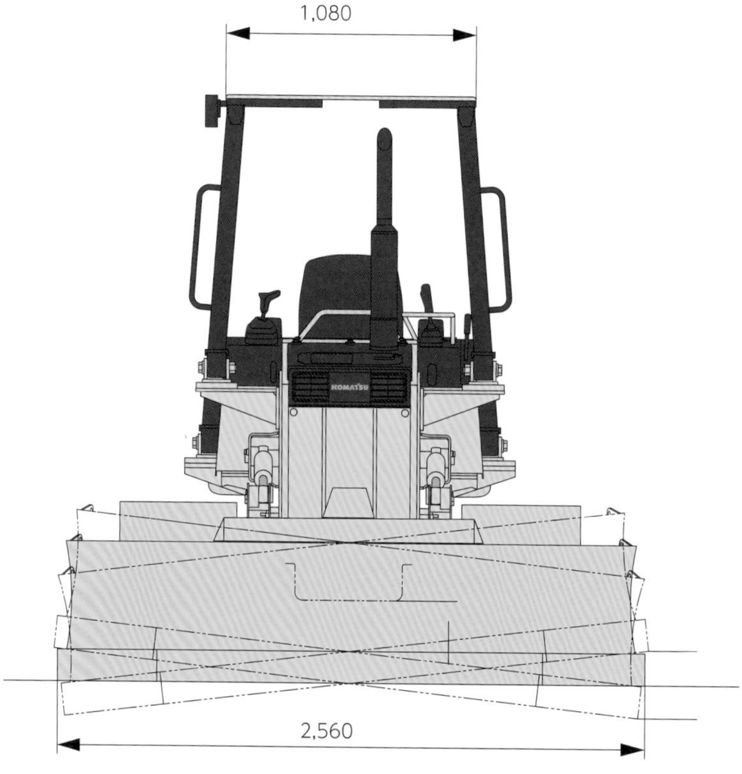

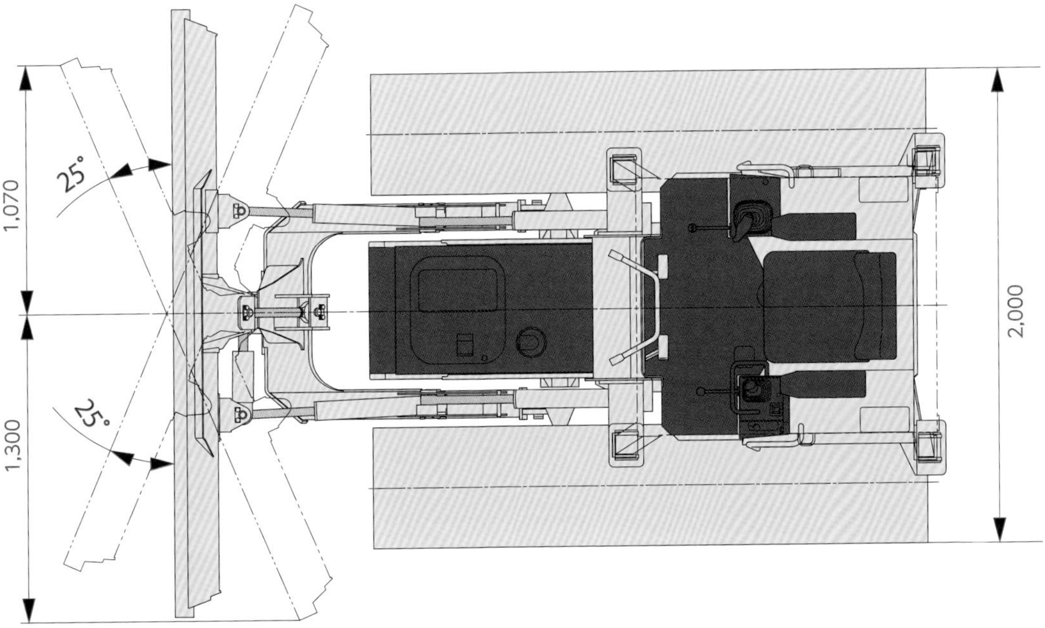

コンパクトかつパワフルなマシンとして知られるD20だが、乾燥地用途、湿地用途などの細かいラインナップが用意されている。またほかにも、履帯のオプションにゴム製のクローラーを選べたり、リモートによるデータ管理が可能だったりと、使いやすさに重点が置かれている。

項目	
全長	3,365mm
全高	2,450mm
全幅	1,610mm
エンジン形式	ディーゼル
エンジンモデル	4D94LE-2
排気量	3,053cc
エンジン出力	33.2kw
総重量	3,940kg

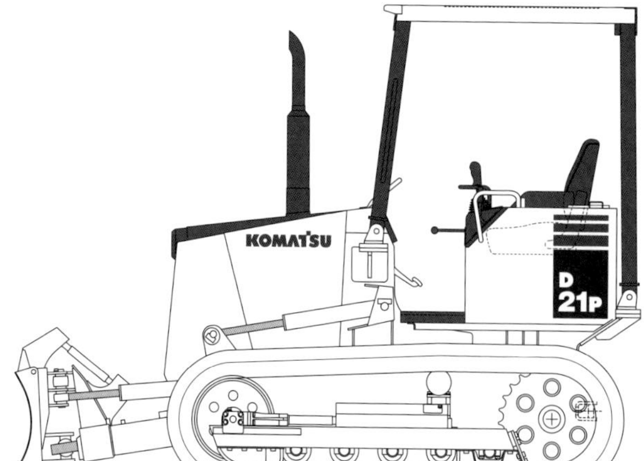
KOMATSU
D
21P

掬う
Loader

土砂を掬い、運搬する機械

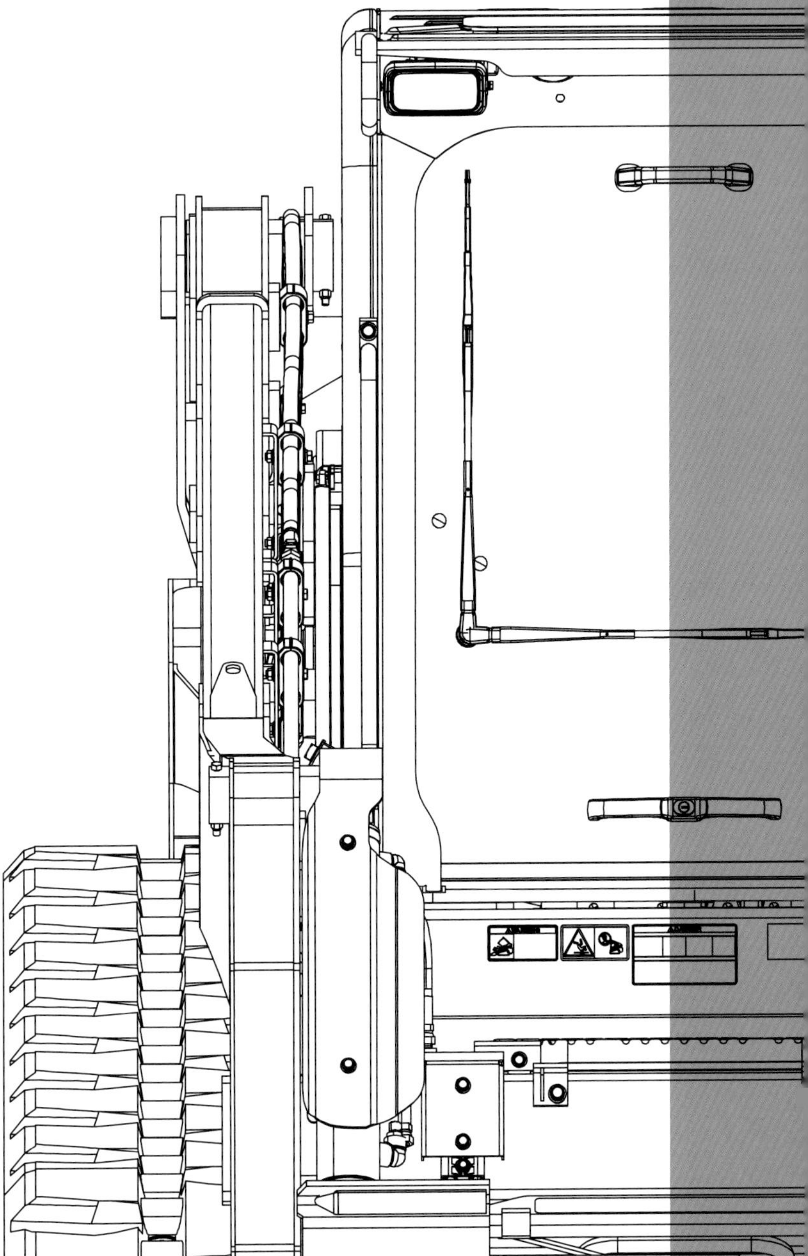

WHEEL LOADER
ホイールローダー

ヤンマー
V1-1A

ホイールローダというと巨大な姿を思い浮かべがちだが、このV1-1Aは軽トラック並みのサイズ。「小さくて使いやすい」をコンセプトに開発されており、操作法も簡単でデザインも街中での使用を考慮されている。

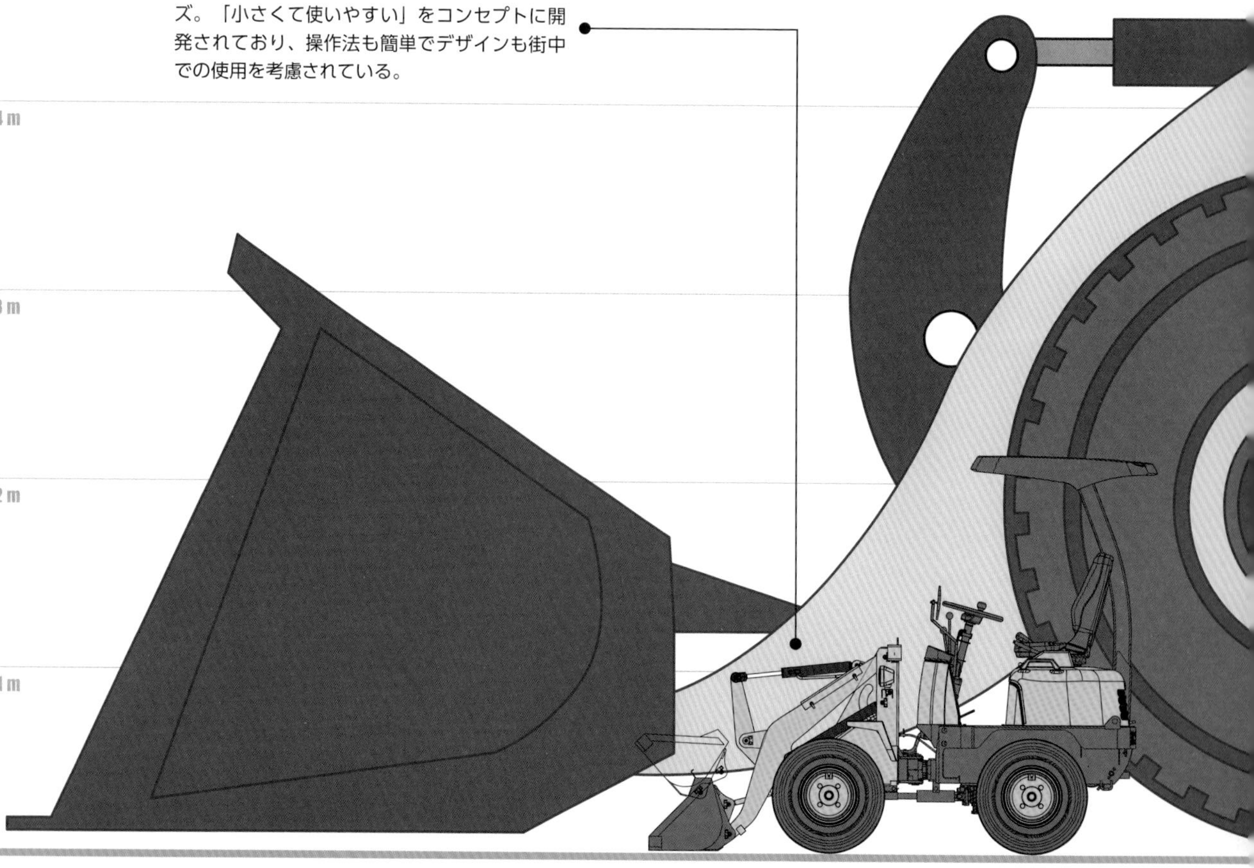

P&H
L-2350

装輪式積込み機として世界で最大級のマシンがこのL-2350だ。この巨体を動かすために16気筒2300馬力のディーゼル発電機が搭載されており、その発電した電気で駆動のためのモーターを動かしている。

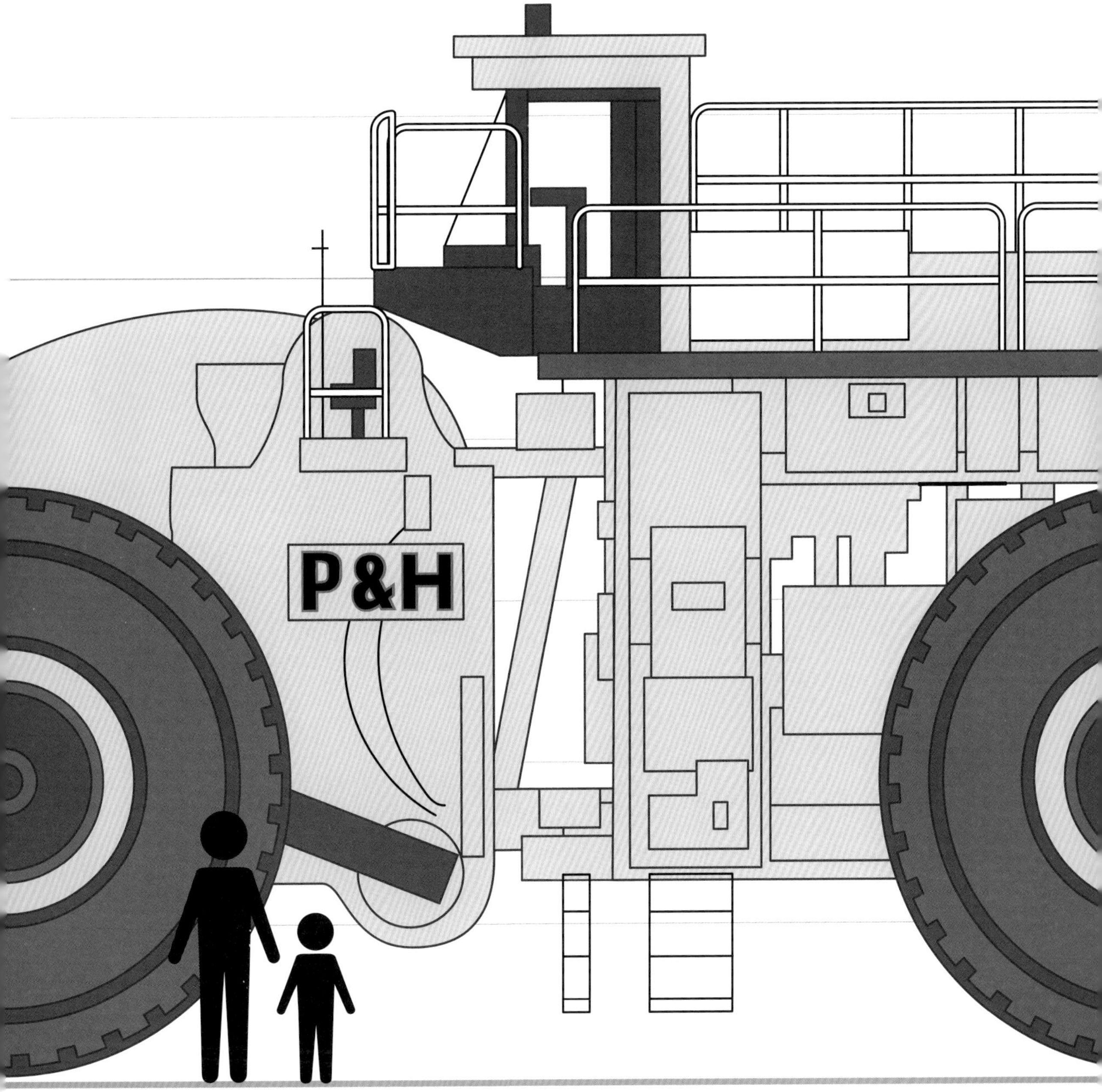

P&H
L-2350

L-2350は、7ｔを超える運搬能力を備えており、このクラスで最もパワフルで生産性が高いと言われている。また、駆動用のモーターを利用した回生ブレーキシステムも搭載し、可能な限り低い燃料消費レベルを実現している。

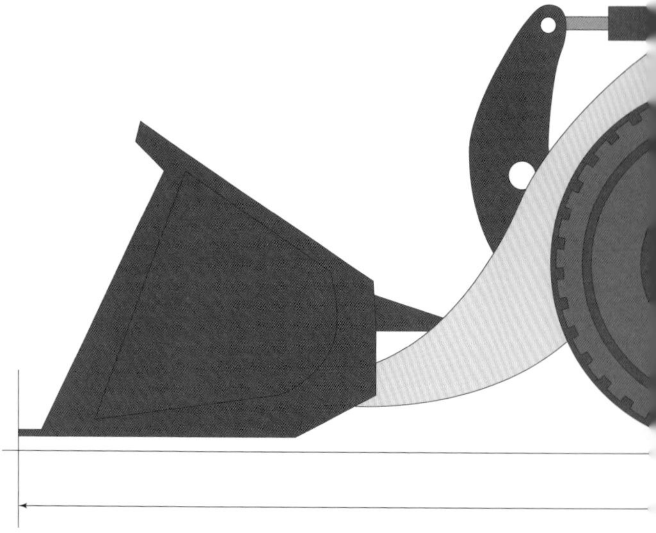

項目	
全長	20,270mm
全高	6,730mm
全幅	7,010m ～ 8,360mmm
エンジン形式	ディーゼル
エンジンモデル	16V series 4000
エンジン出力	1,715 kW
総重量	266,622 kg

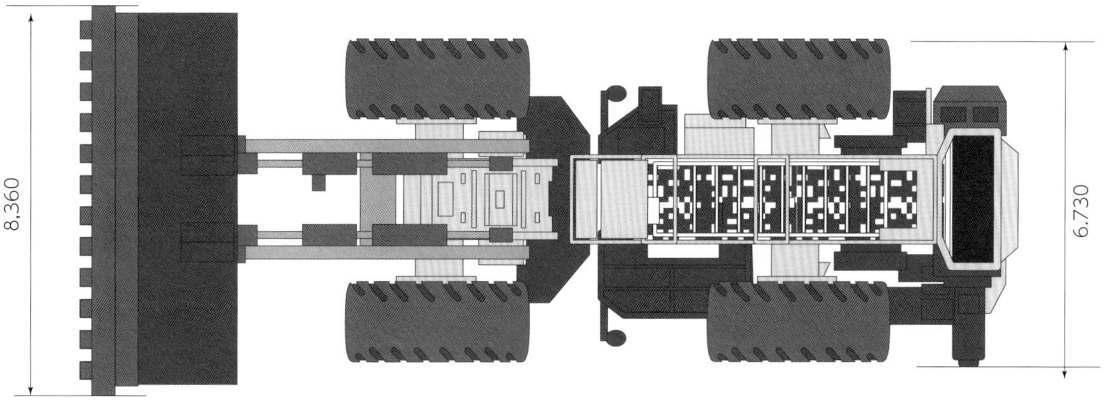

8,360
6.730

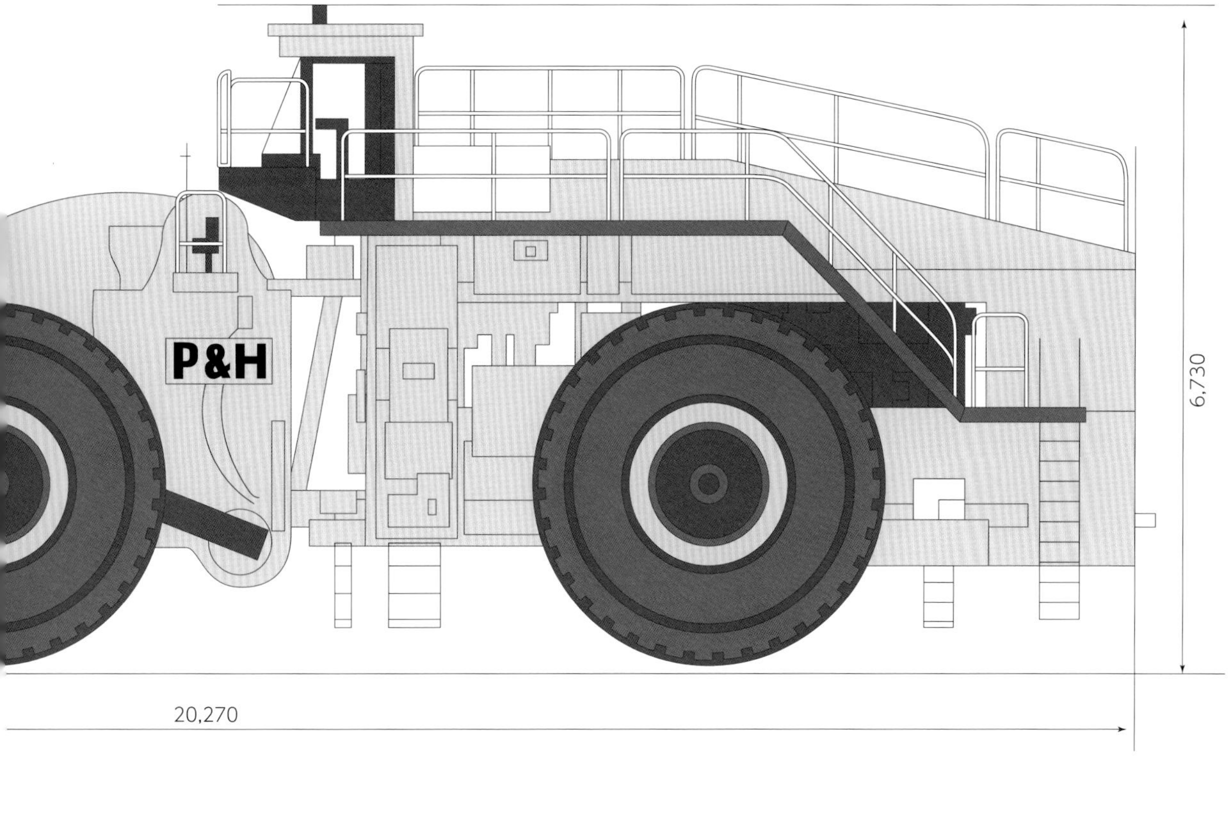

P&H
6,730
20,270

OTHER MAXI MACHINE

CAT 994K

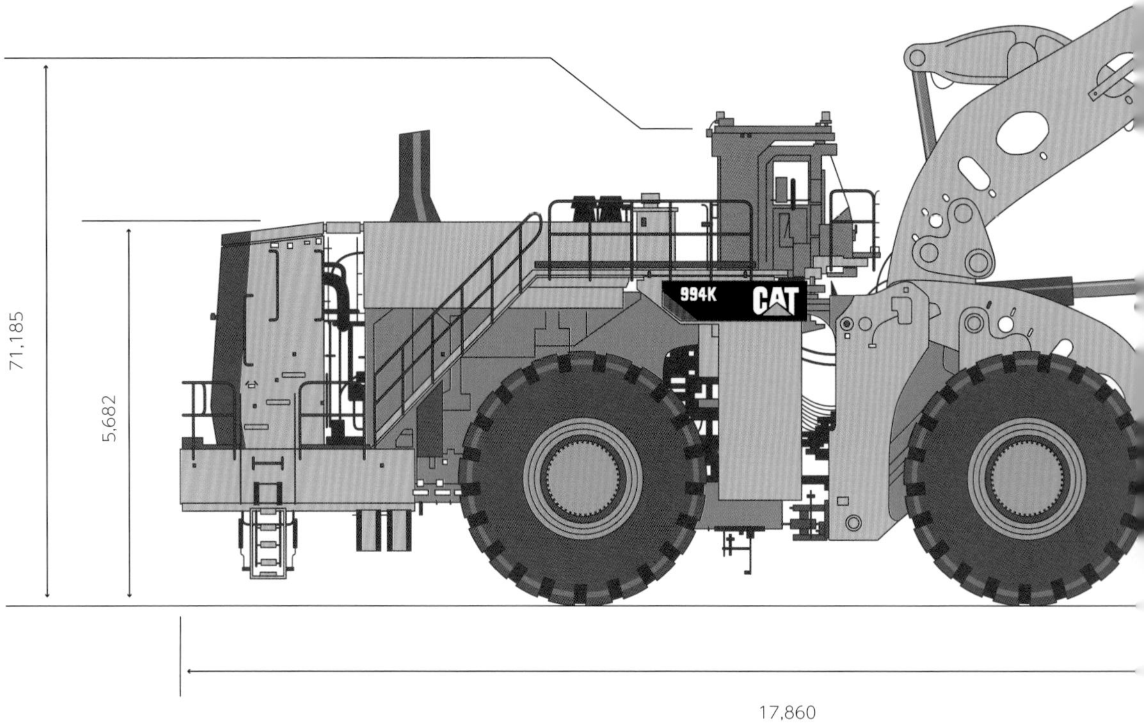

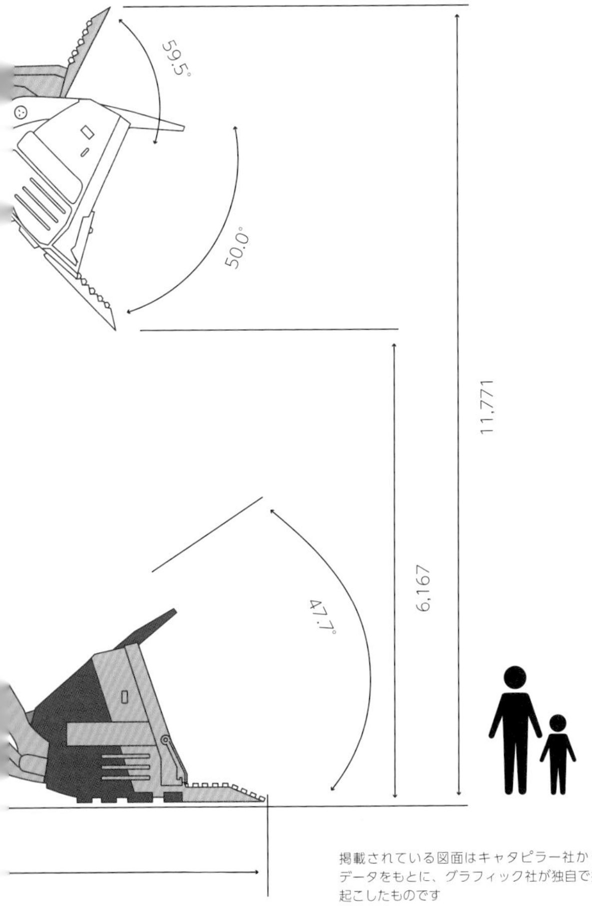

掲載されている図面はキャタピラー社からのデータをもとに、グラフィック社が独自で描き起こしたものです

2016年に発売された994Kはキャタピラー社最大にして最新鋭のホイールローダーである。先行する994Hと比べてペイロードが大幅に増加しており、そのため、露天掘り鉱山などの高い生産性が求められる現場で活躍している。

項目	
全長	17,860 mm
全高	7,118.5 mm
全幅	1,245mmm
エンジン形式	ディーゼル
エンジンモデル	Cat® 3516E
エンジン出力	1,377 kW
運転重量	240,018 kg

YANMAR
V1-1A

そのコンパクトな車体と高出力エンジンを活かして小規模現場から農畜産業まで幅広い使い道ができる。クリーンエンジンや四輪駆動、クラッチ不要の無段変速機など使いやすさを徹底的に考えて設計されている。

項目	
全長	2.840mm
全高	1,720mm
全幅	1,245mmm
エンジン形式	ディーゼル
エンジンモデル	3TNV70
エンジン出力	12.3 kW
排気量	854cc
総重量	985 kg

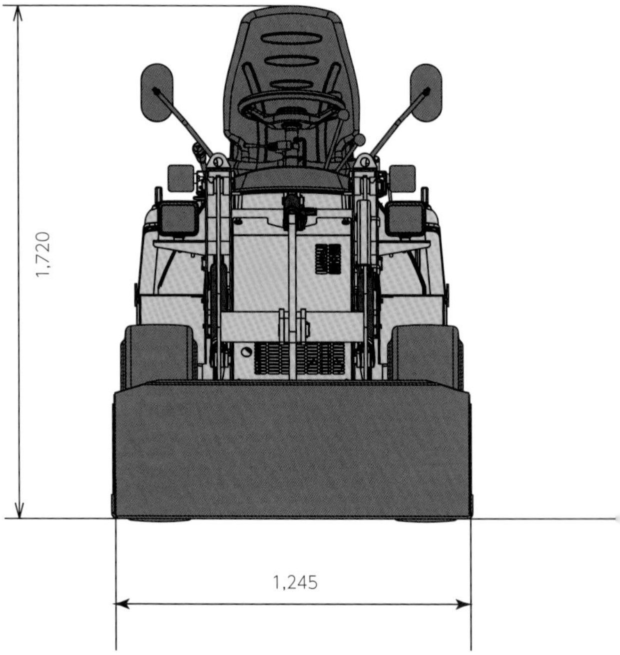

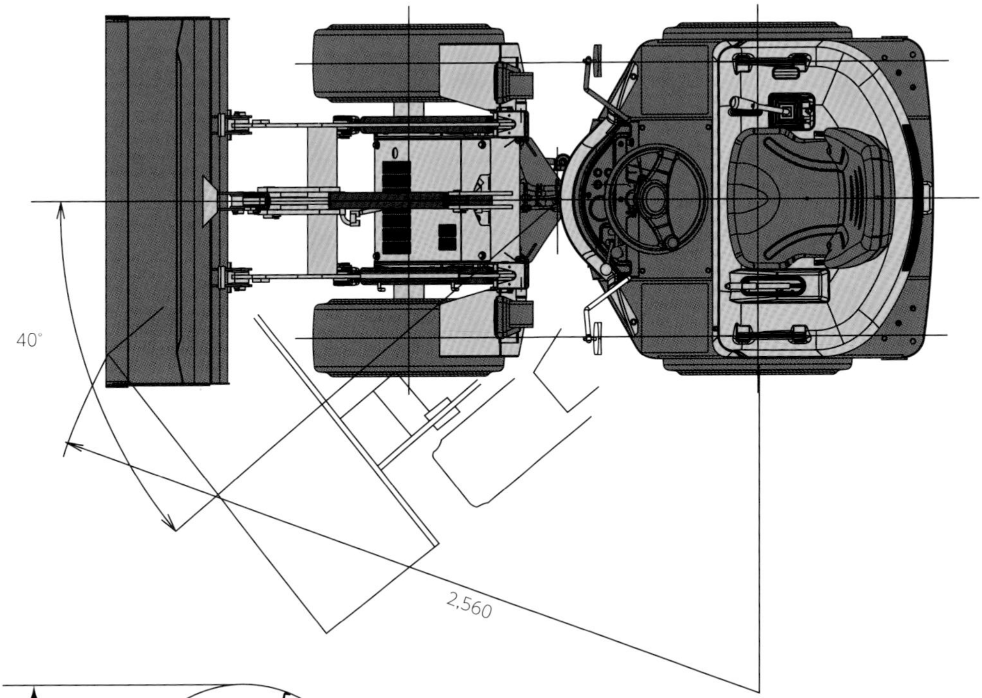
40°
2,560

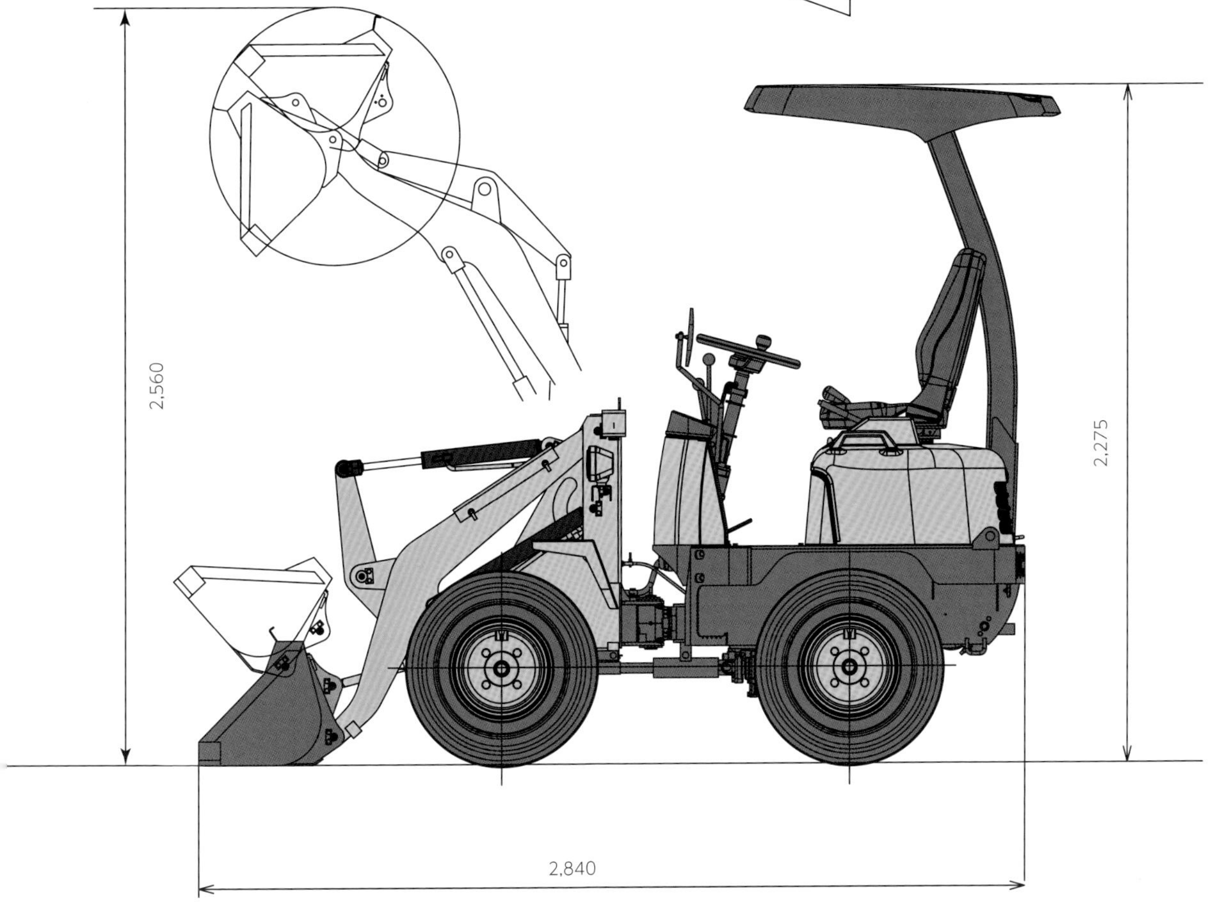
2,560
2,275
2,840

OTHER MINI MACHINE

KOMATSU WA10-6

2モードコントロール機構を採用したため、パワフルに使うか迅速に使うかといったシーンによって切り替えが可能。また、コンパクトボディと広い操縦スペースを両立させ、オペレータの疲労軽減も図っている。

項目	
全長	2,870 mm
全高	1,555 mm
全幅	1,245mmm
エンジン形式	ディーゼル
エンジンモデル	コマツ 3D70E-5
エンジン出力	12.3kW
排気量	854cc

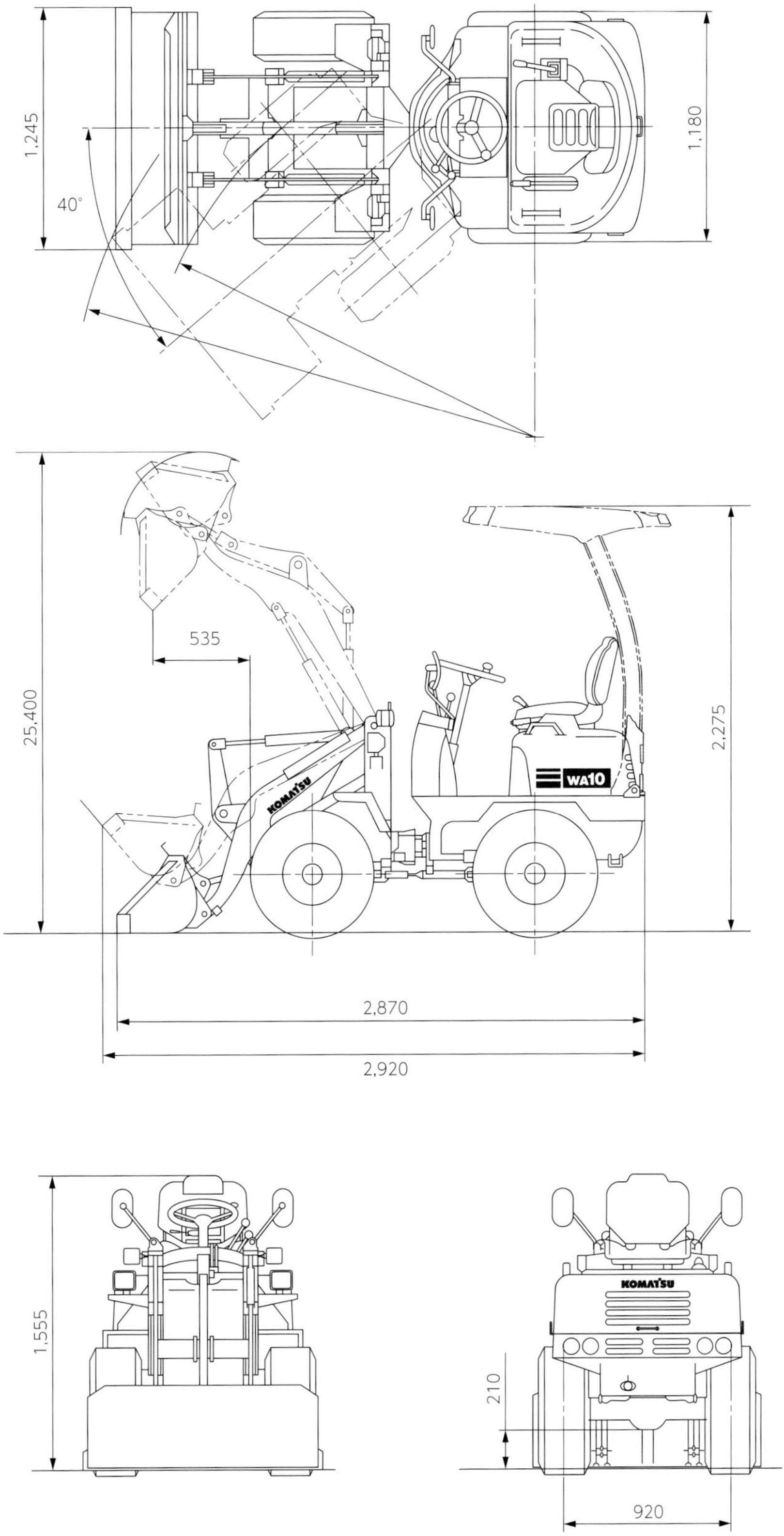
1,245
40°
1,180
535
25,400
2,275
KOMATSU
WA10
2,870
2,920
1,555
KOMATSU
210
920

6 m

COMPACT TRUCK LOADER

5 m

コンパクトトラックローダー

4 m

MANITOU
Mustang 1050RT

3 m

フランスの重機メーカーManitouがアメリカで農家のニーズに応えるために設立したのがMUSTANGブランド。1965年に最初のコンパクトローダーを農業市場に投入した。シンプルだが効果的で効率的な開発コンセプトが大きな特徴である。

2 m

1 m

KUBOTA
SVL95-2v

優れた快適性とパフォーマンスを念頭に開発され、定評あるクボタ92馬力CRSディーゼルエンジンを搭載。その生み出す強力なパワーによって、農場や工事現場のあらゆる作業に簡単に取り組むことが可能。

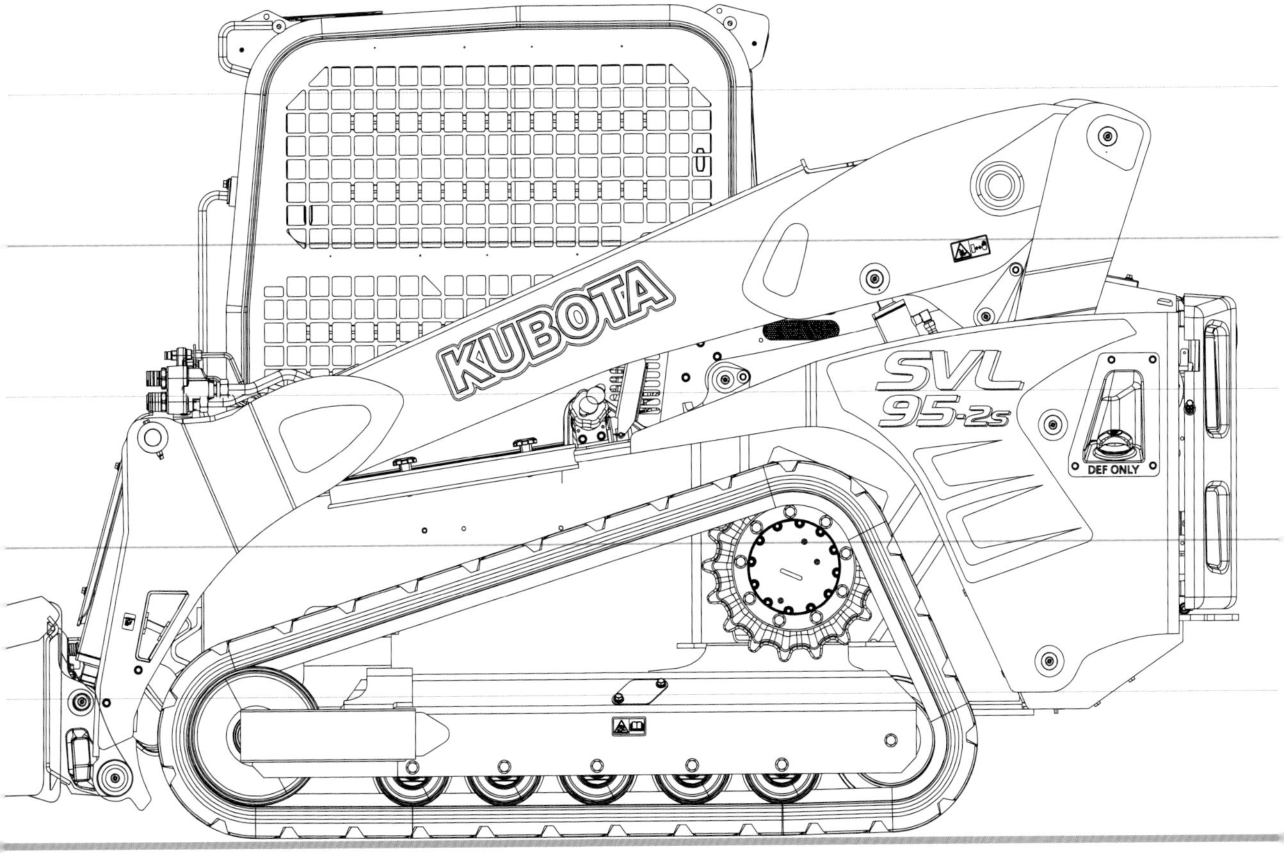

KUBOTA
SVL95-2v

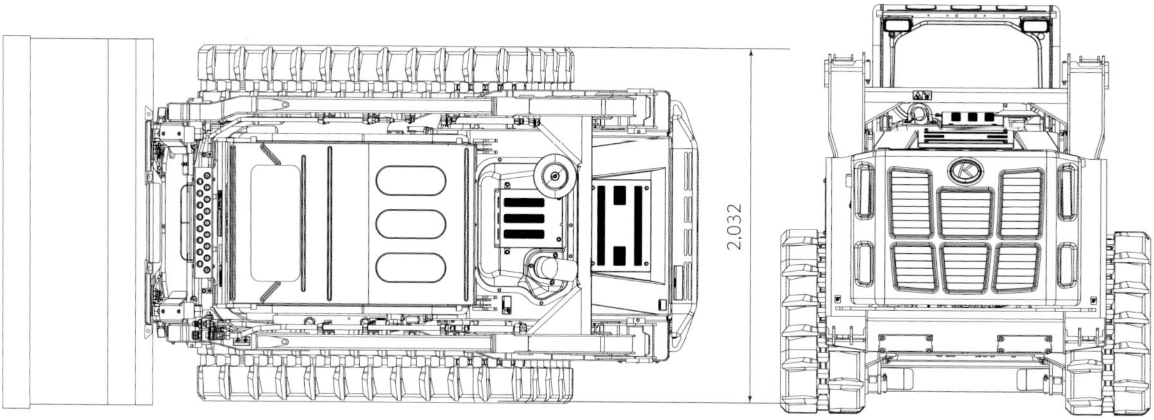

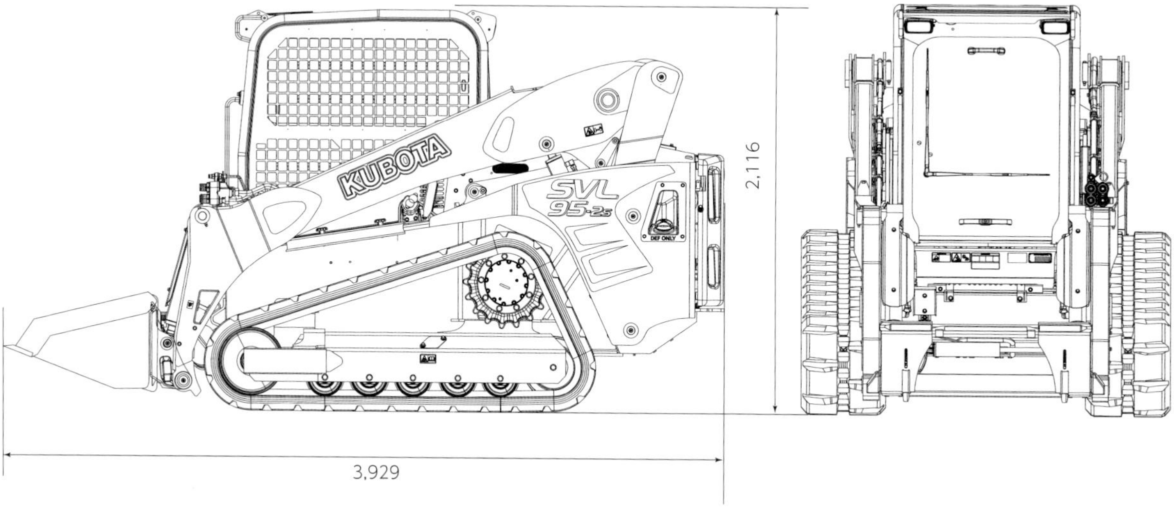

長いリーチとクラス最高レベルの吊り上げ能力、また過酷な条件下でもエンジンを保護する機能で高いパフォーマンスと信頼性を実現。ボタンを押すだけで切り替わる２スピード機能を持ち、直進時の安定や踏破性能を考慮した設計がなされている。

項目	
全長	3,929 mm
全高	2,116 mm
全幅	2,032mmm
エンジン形式	ディーゼル
エンジンモデル	V3800-TIEF4
エンジン出力	55.4 kW
排気量	3,769cc

KUBOTA
KUBOTA
SVL
95-2s

KUBOTA
SVL
95-2s

MANITOU
Mustang 1050RT

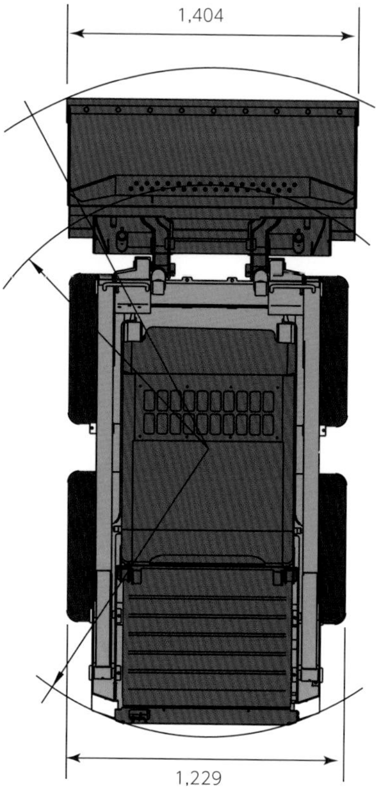

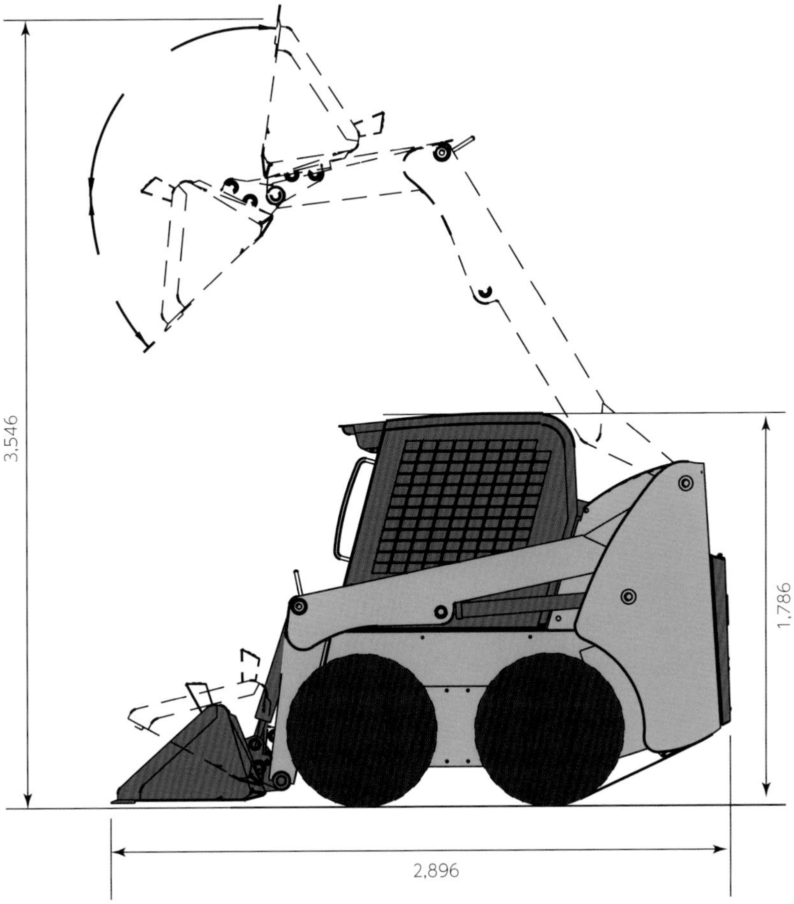

独自設計のシャーシにより安定性、勾配、牽引力を高め、スムーズな乗り心地を提供している。強化されたローダーを採用し、極限の作業にも対応できるよう図っている。ヤンマー製ディーゼルエンジンは電子エンジン制御とフットスロットルで騒音レベルと燃料消費量が削減さる。

項目	
全長	2,896 mm
全高	1,786 mm
全幅	1,404mmm
エンジン形式	ディーゼル
エンジンモデル	3TNV88C-KMS Tier IV
エンジン出力	25.5kW
排気量	1,600cc

6 m

SKID-STEER LOADE

5 m

スキッドステアローダー

4 m

Bobcat
S850

S850はボブキャットのラインナップの中で最大のスキッドステアローダーである。コンパクトなフレームに収められているにもかかわらず、このモデルはさまざまな作業を支援できるように設計されている。

TOYOTA L&F
ジョブサン 4SDK(L)3

スキッドステアローダーは身近な様々な用途に用いられるが、除雪を明確にターゲットとしてセールスの中心に据えた機体は珍しい。いかにも日本発らしい活用法だ。視認性の良さと小回りが利くという特徴を最大限に活用している。

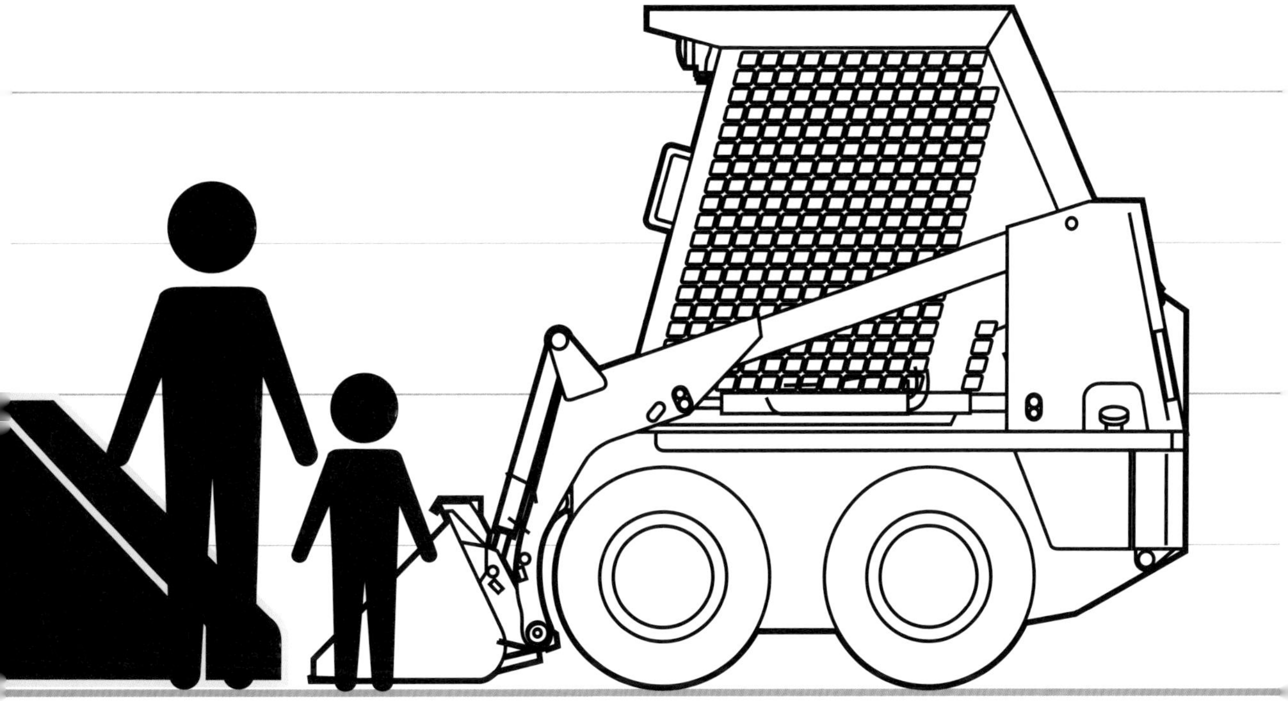

Bobcat
S850

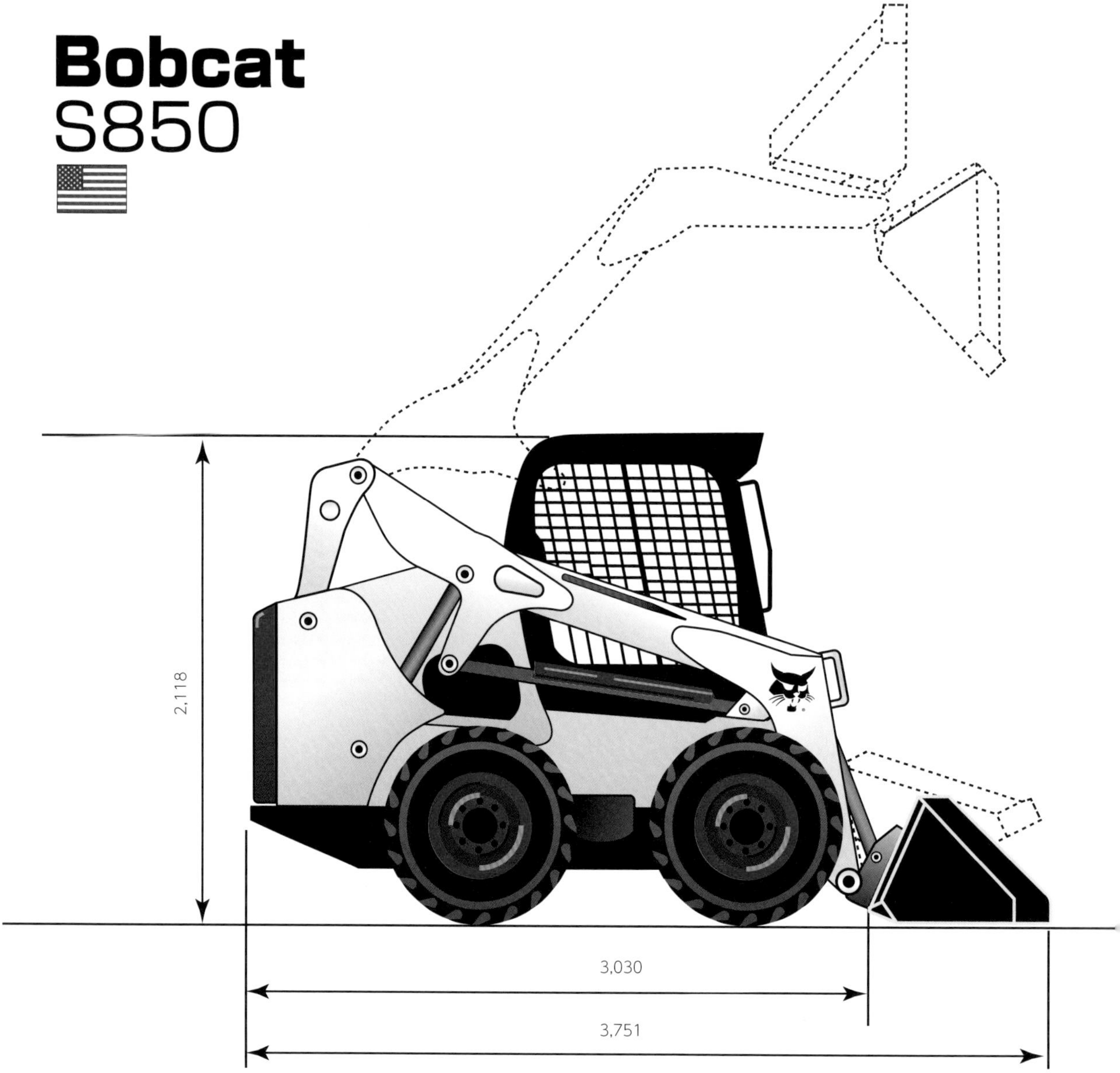

オペレーターの間で最も人気のあるジョイスティックコントロールを採用。独自システムでローダーとアタッチメントを簡単に制御できる。自動ライド制御により、荒れた地形を高速で移動していてもスムーズな乗り心地を提供する。

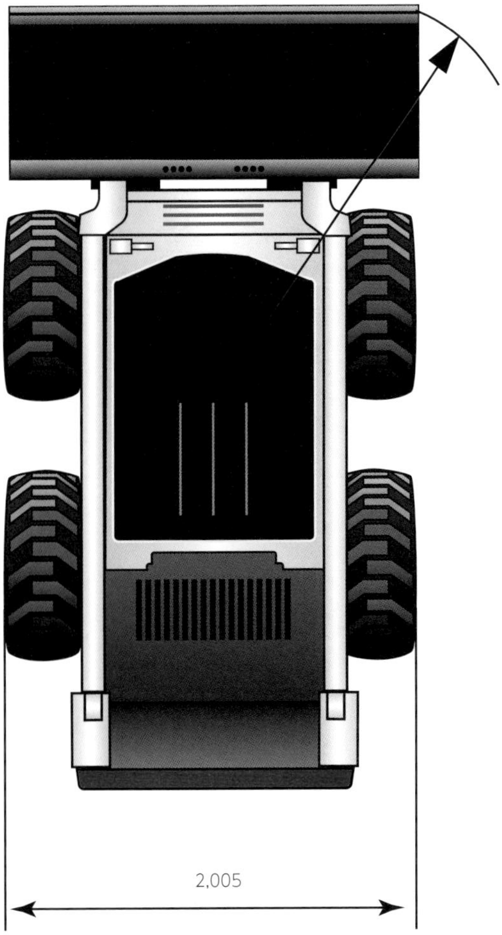

項目	
全長	3,751mm
全高	2,118mm
全幅	2,005mmm
エンジン形式	ディーゼル
エンジンモデル	V3800T
エンジン出力	67.6kW
排気量	3770cc

TOYOTA L&F
ジョブサン 4SDK(L)3

スキッドステア方式の車体を活かして、その場旋回を可能にした抜群の小回り性を発揮。農畜産業の作業にはじまり除雪作業まで幅広く活躍することを可能にした4輪駆動ショベル。オーバーヘッドインパネを採用して優れた前・後方視界を確保している。

項目	
全長	2,395mm
全高	890mm
全幅	1,760mmm
エンジン形式	ディーゼル
エンジンモデル	3TNV70
エンジン出力	13.7kW
排気量	854cc

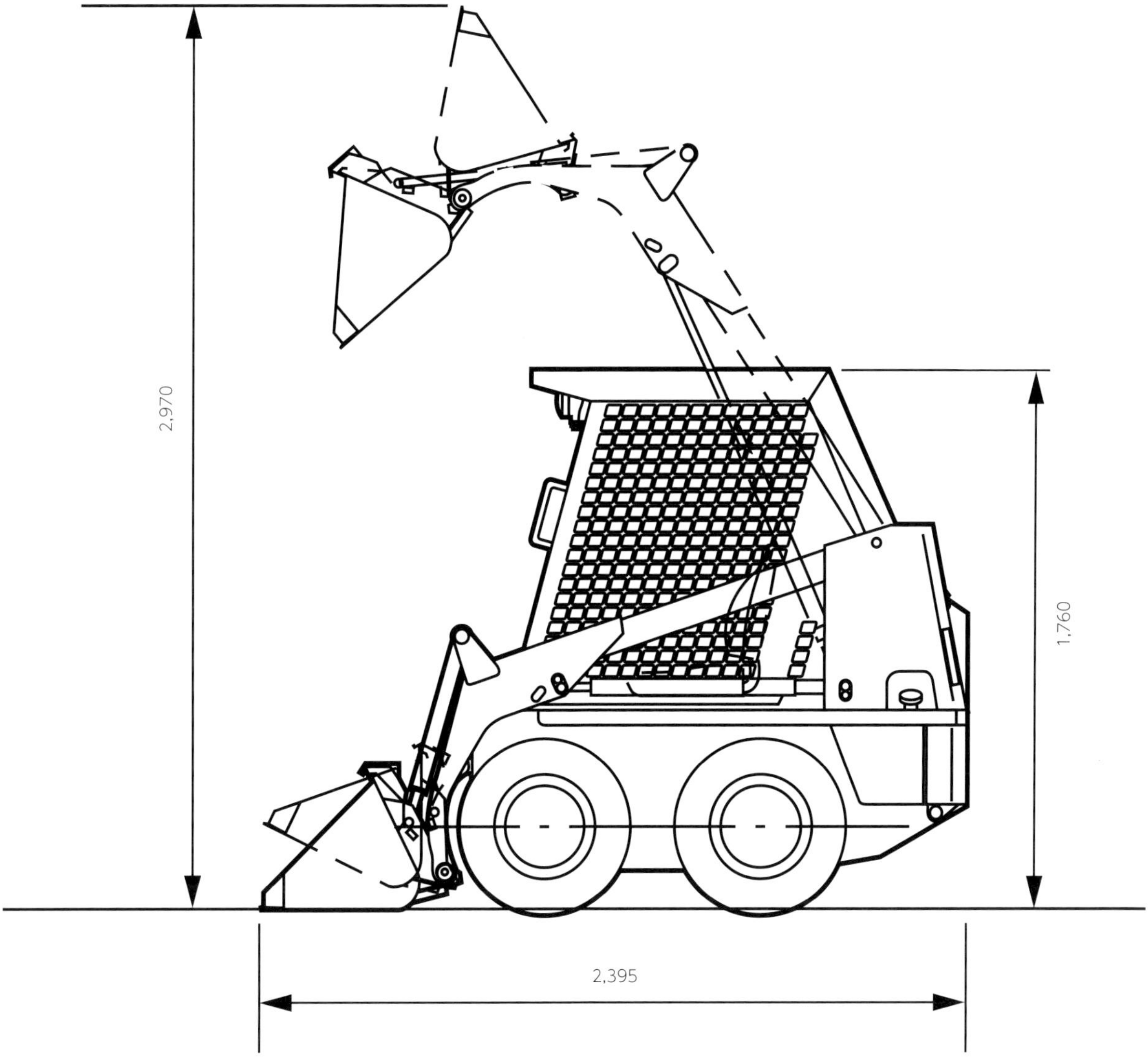
2,970
1,760
2,395

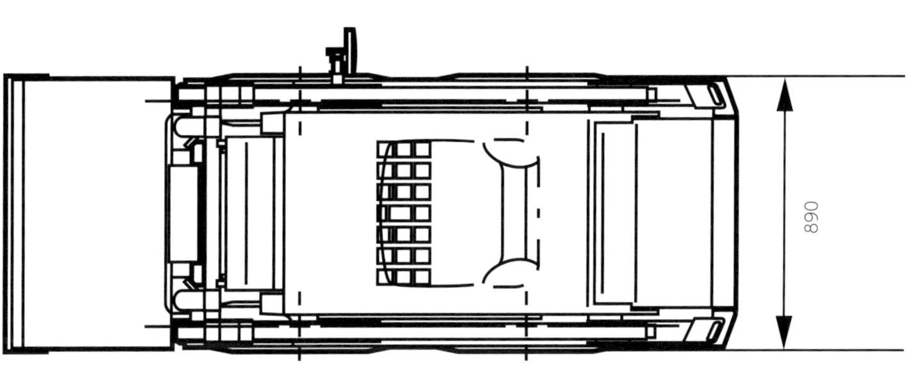
890

OTHER MINI MACHINE

JCB Teleskid 3TS-8W

1台の機械で垂直リフトとラジアルリフトの利点を提供するテレスキッドを採用。傾斜のないハイサイドトラックに積み込むことが可能であり、木や根を掘り出したり、排水溝を掃除することすらできる。これまでのスキッドステアではできなかった作業も可能にする。

項目	
全長	3,800mm
全高	2,100mm
全幅	1,800mmm
エンジン形式	ディーゼル
エンジンモデル	ECOMAX TCAE-55
エンジン出力	55kW
排気量	4,399cc

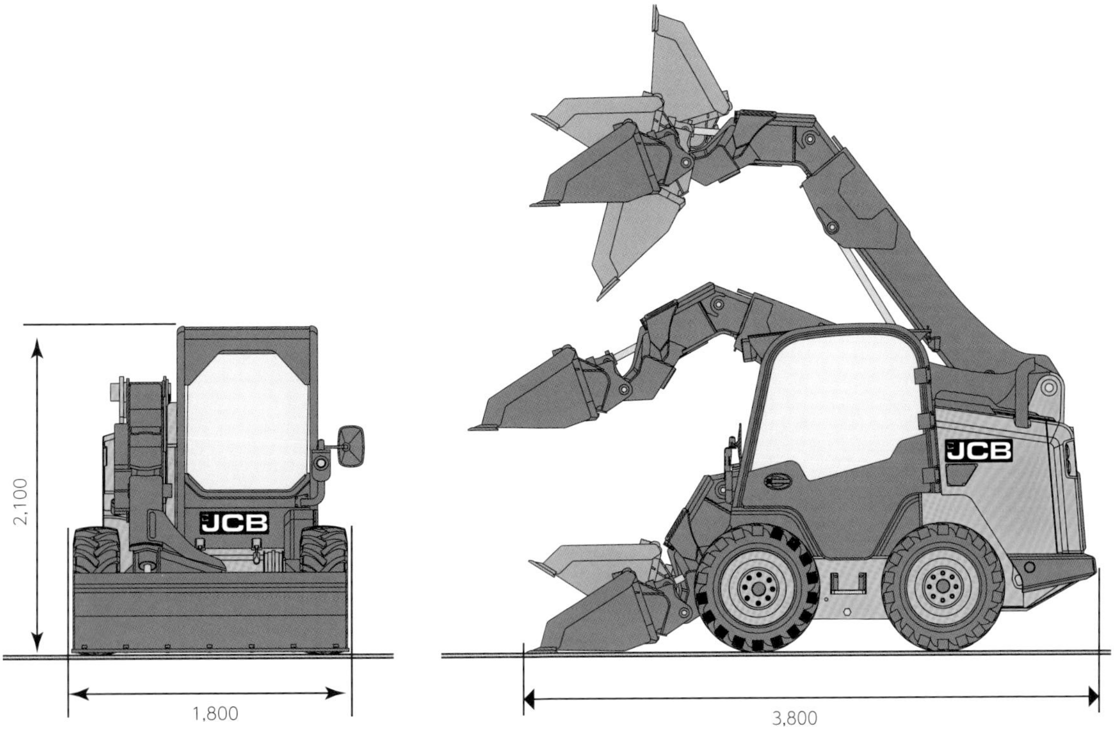
2,100
1,800
3,800

Feed Processor

OTHER MINI MACHINE

ユニキャリア 703

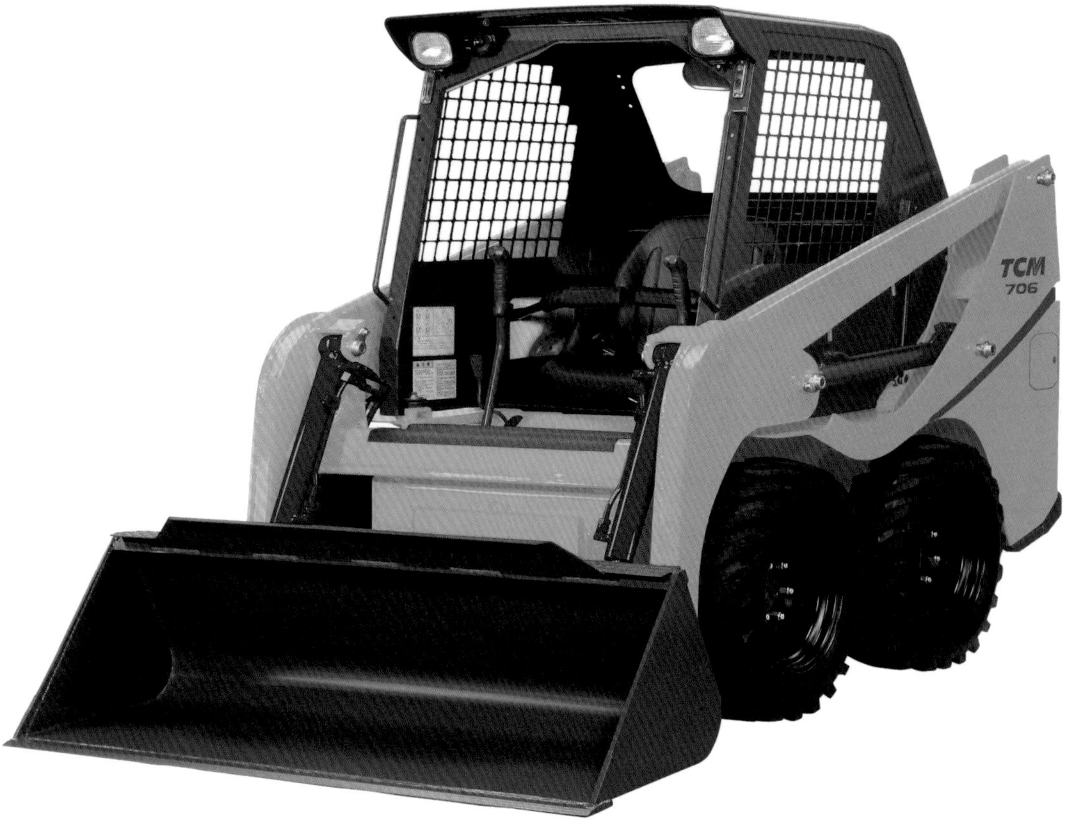

車両のサイズに応じたディーゼルエンジンを搭載し、周辺環境や作業現場にやさしい車両を実現。コンパクトボディでありながら、クラストップの最大荷重を達成し、造園から農業、畜産、除雪や土木工事など、さまざまな現場で余裕のある作業に力を発揮する。

項目	
全長	2,515mm
全幅	900mm
全高	1,770mm
エンジン形式	ディーゼル
エンジンモデル	クボタ D782
エンジン出力	11.5 kW
排気量	778cc

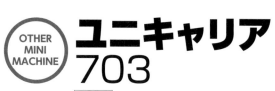

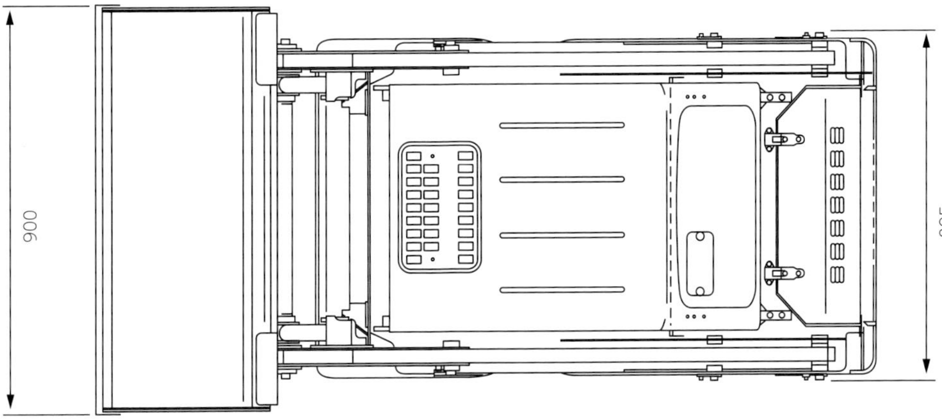
900
895

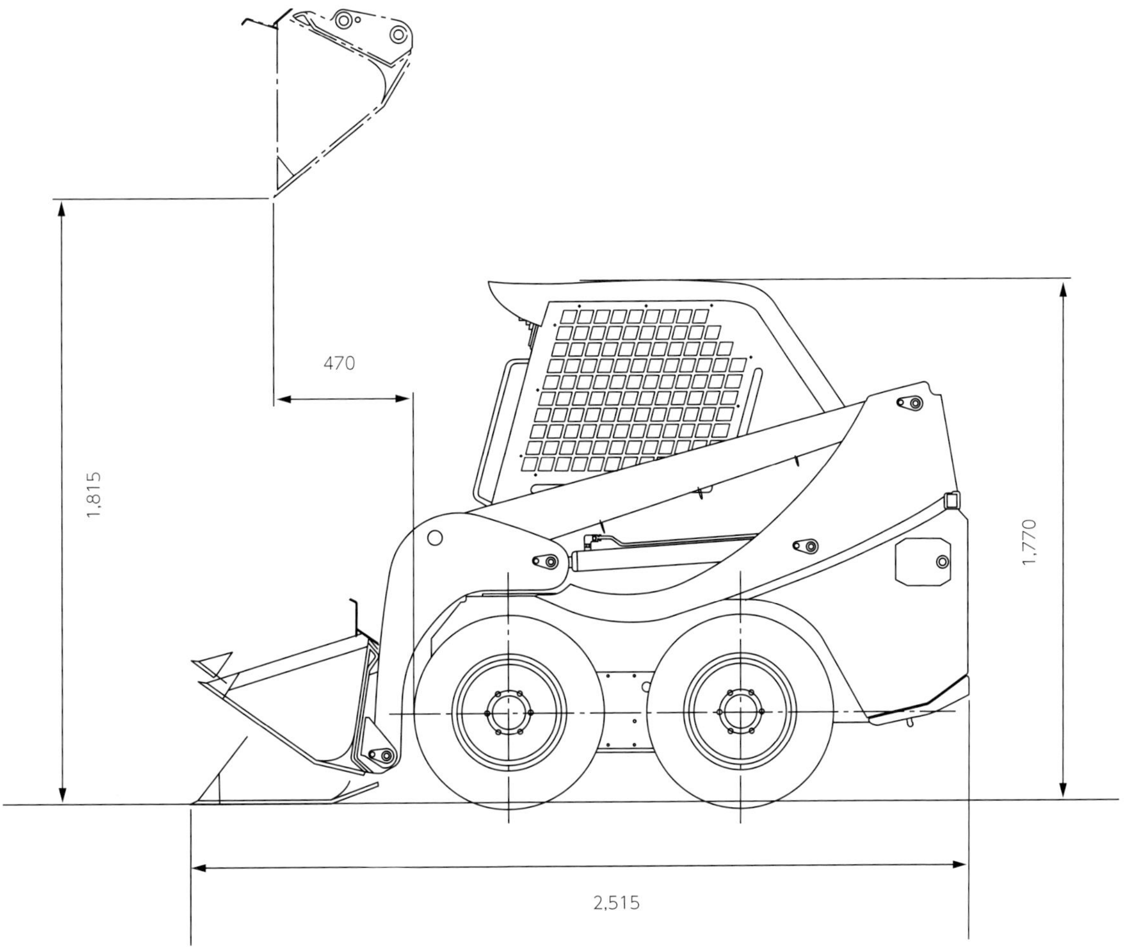
470
1,815
1,770
2,515

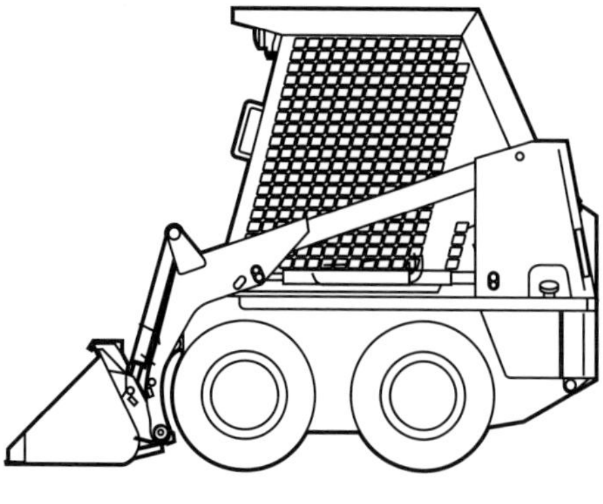

吊る

Crane

荷物を吊り上げ、運ぶ自走式機械

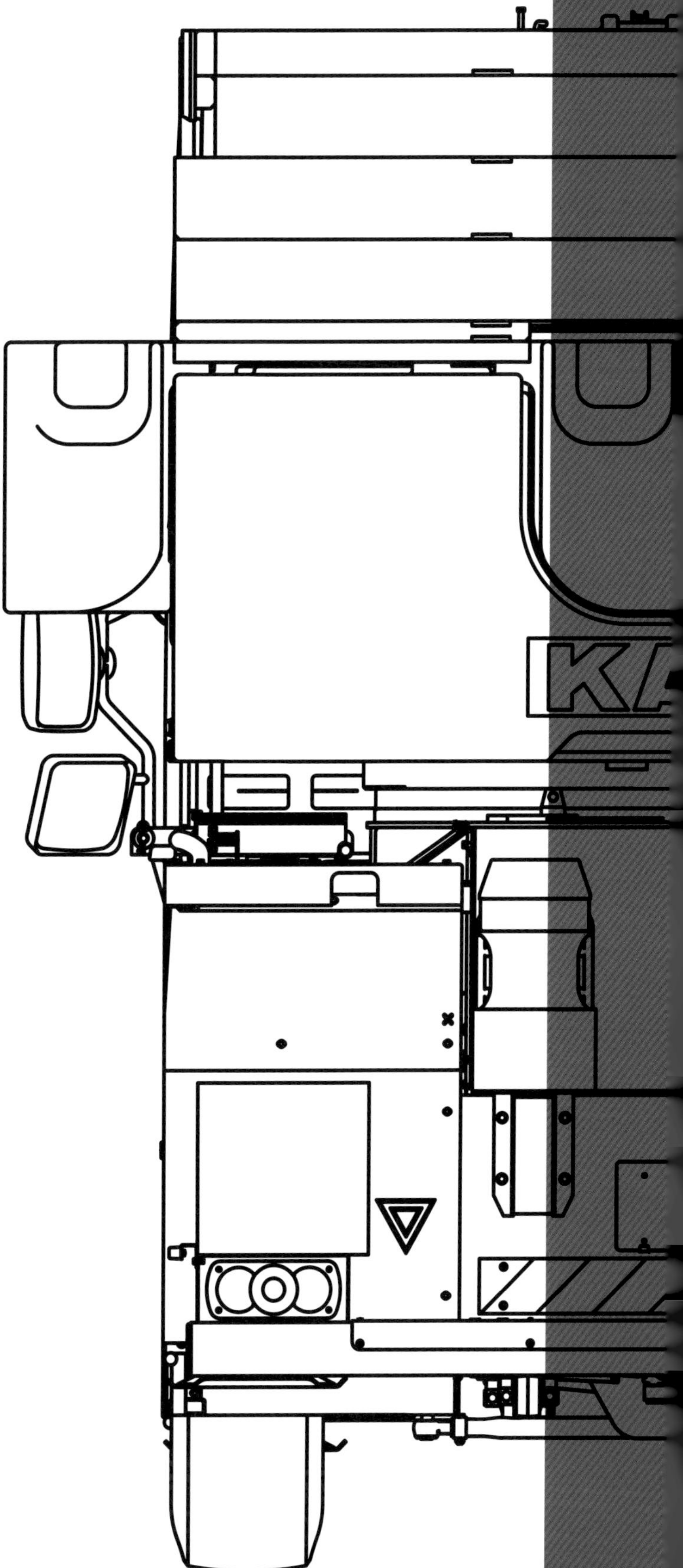

6 m

All TERRAIN CRANE

5 m

オールテレーンクレーン

3 m

2 m

LIEBHERR
LTM 1030-2.1

1997年にLTM 1030/2という名前で発売されたLTM 1030-2.1。兄弟分のLTM11200NXに比べるとずいぶん小さく見える。当時最新と言われたさまざまな技術も、継続的にアップデートされているので、今でもトップクラスの性能を備えている。

1 m

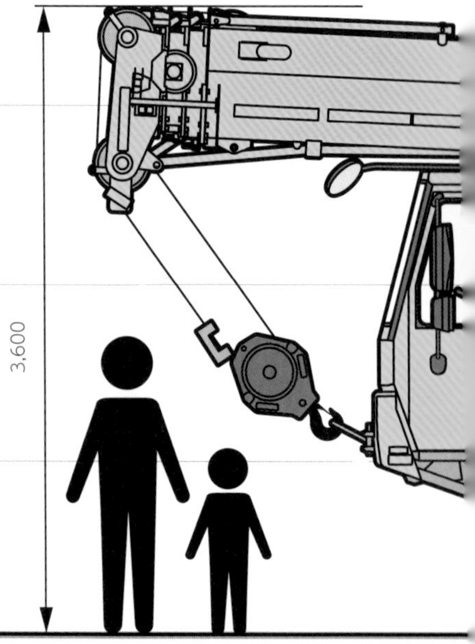

LIEBHERR
LTM11200NX

世界最大のオールテレーンクレーンである『LIEBHERR LTM11200NX』。あまりに巨大なため、腕部分を分解取り外ししないと一般道を走ることができないほど。吊り上げ荷重も最大級なのはもちろん、各種安全装置および自動制御システムも先進性を誇っている。

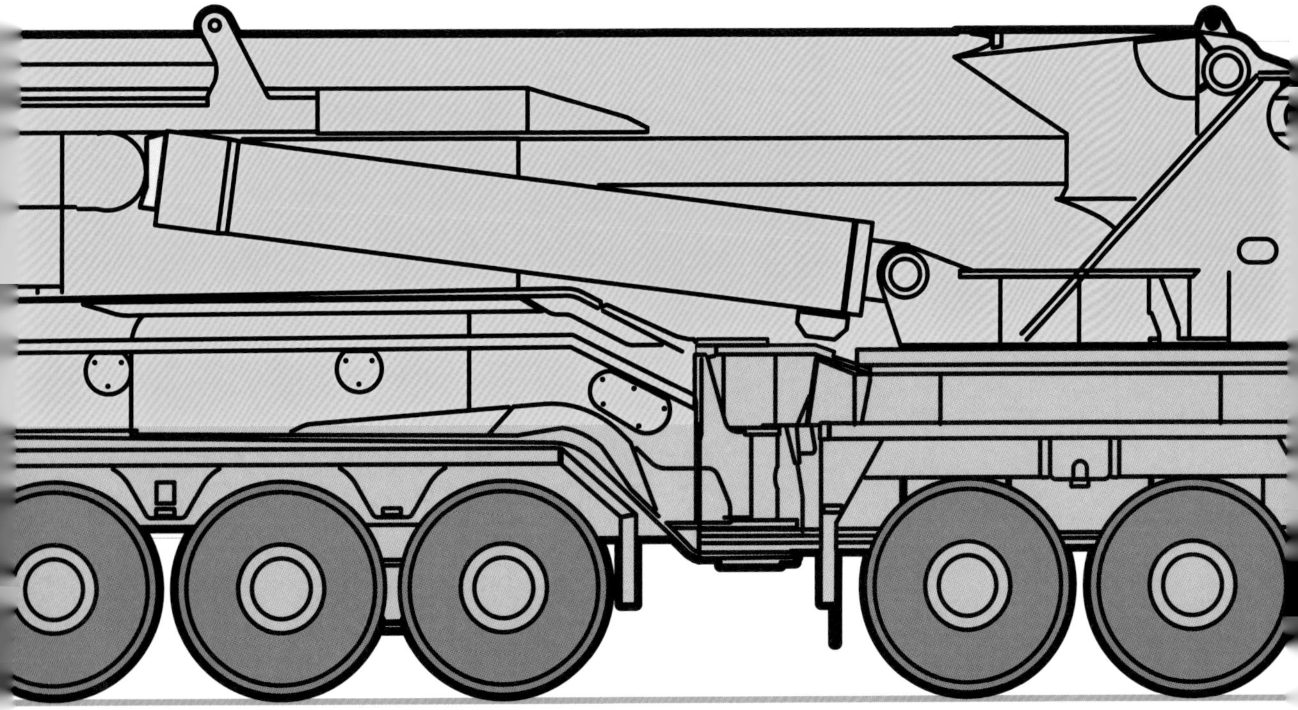

LIEBHERR
LTM11200NX

最大吊上荷重1200tの能力を持ち、ブーム･ジブをいろいろ組み合わせることで、さまざまな現場環境に対応できる。日本でも九州や北海道をはじめとして導入されている。全国で建設が進む風車発電や大型橋梁の工事などに使われ、工期短縮が期待できるという。

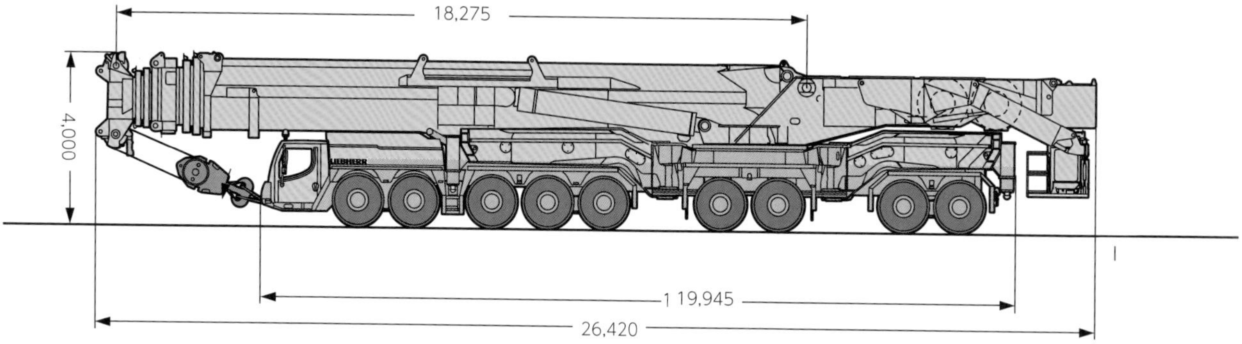

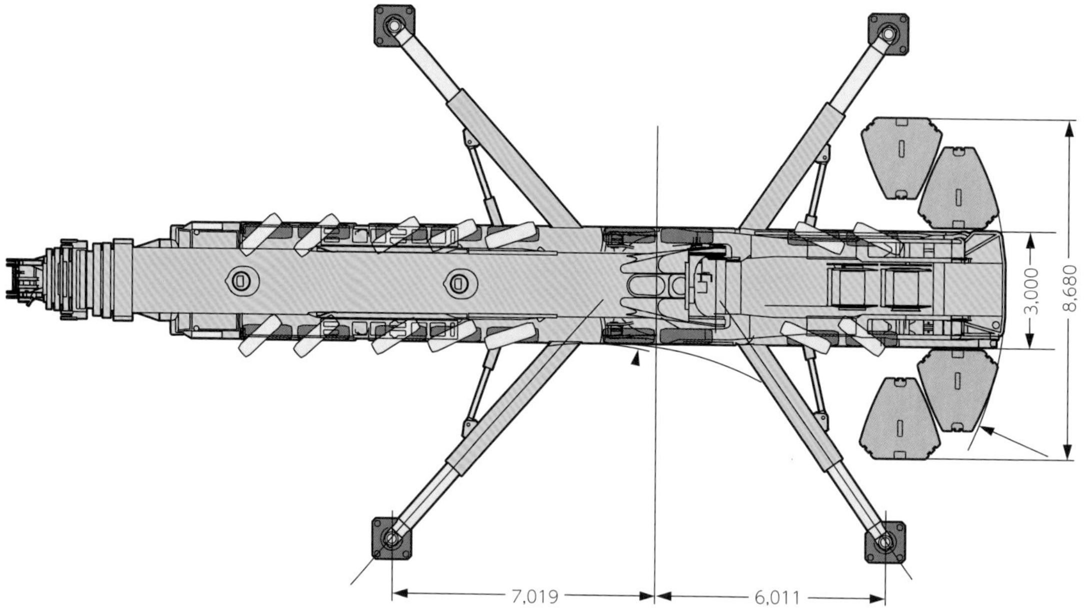

項目	
全長	26,420mm
全幅	3,000mm
全高	4,000mm
エンジン形式	ディーゼル
エンジンモデル	D936A6
エンジン出力	367hp
最高速度	75km/h

LIEBHERR LTM 1030-2.1

登場当時、移動式クレーンとしてはデータバス転送技術を搭載した世界で最初のモデルだった。これらの技術は継続的に更新されているため、今でもその性能を誇っている。20年以上にわたって人気機種として世界各地で導入されている。

項目	
全長	10,310mm
全幅	2,550mm
全高	3,600mm
エンジン形式	ディーゼル
エンジンモデル	6-Zylinder-Diesel
エンジン出力	205 kW
最高速度	80.00 km / h

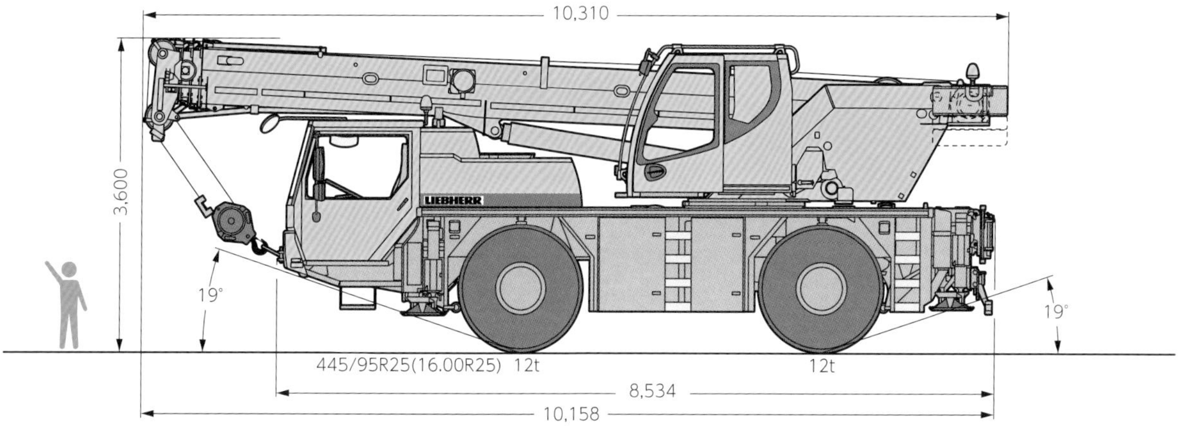
10,310
3,600
LIEBHERR
19°
19°
445/95R25(16.00R25) 12t
12t
8,534
10,158

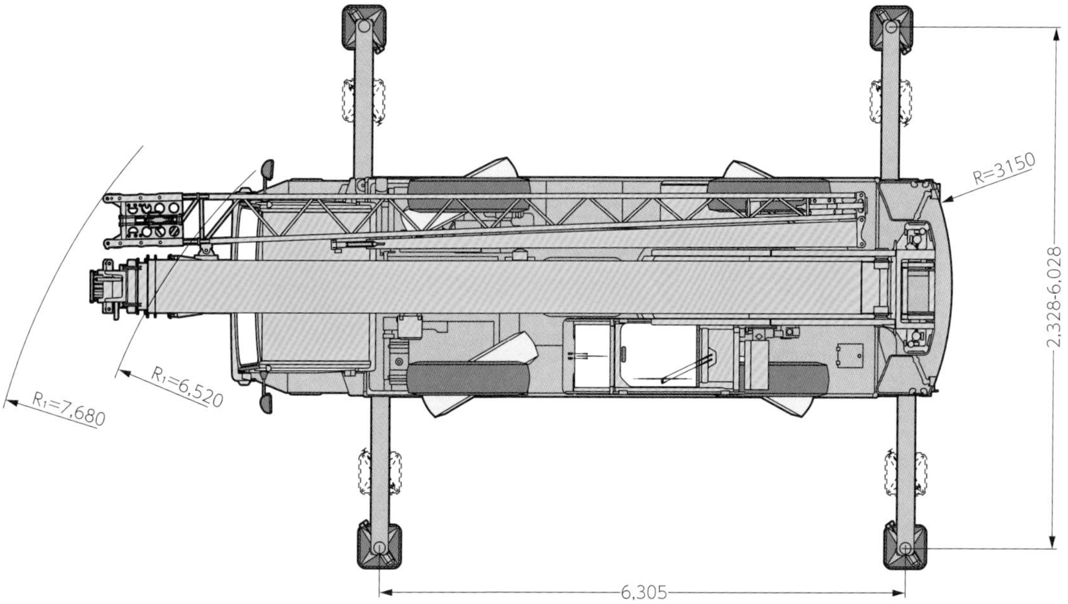
R=3150
2,328-6,028
R_1=6,520
R_1=7,680
6,305

LTM 1030-2.1
LIEBHERR

OTHER MINI MACHINE

KATO
KA-1100

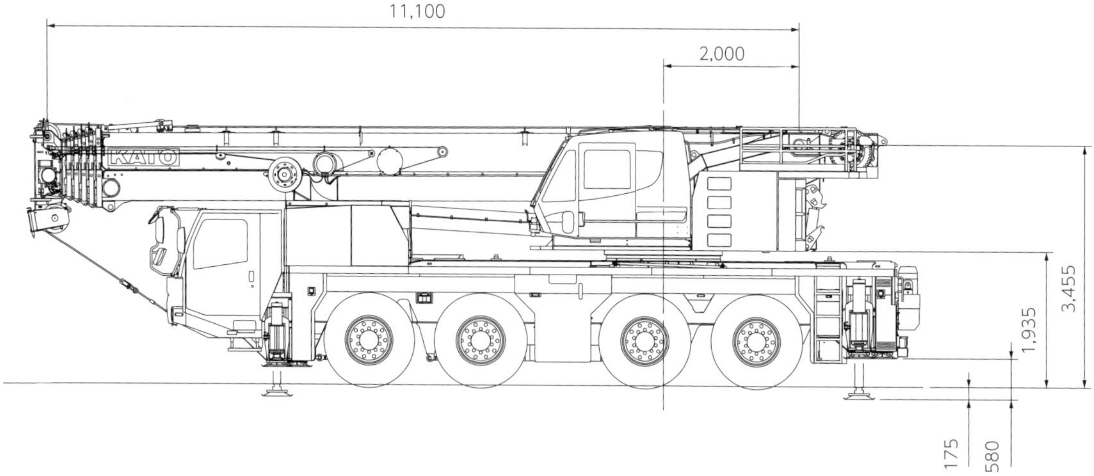

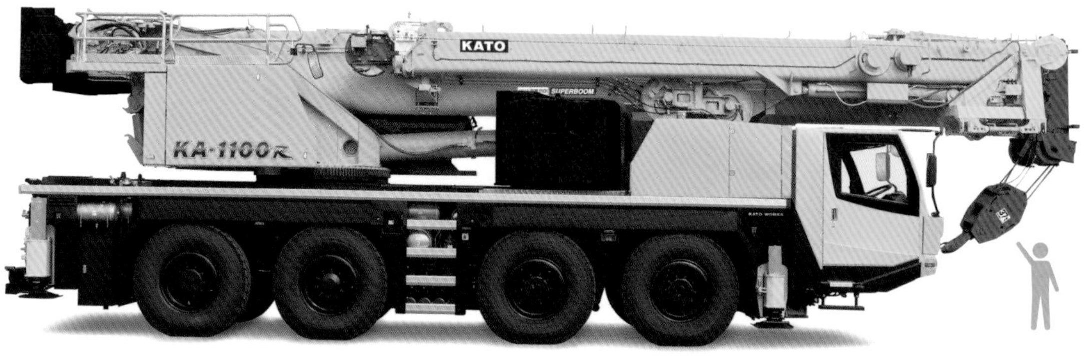

基本性能を重視しながら、パワーと作業環境も追求している。より能率の良い安全なクレーン作業を目指して、オペレータの環境改善に取り組んでいる。広くて視認性の良い操縦室、さまざまなサポートシステムなど多岐にわたる。

項目	
全長	11,100mm
全幅	2,700mm
全高	3,455mm
エンジン形式	ディーゼル
エンジンモデル	D12A420
エンジン出力	309 kW
排気量	12,130cc

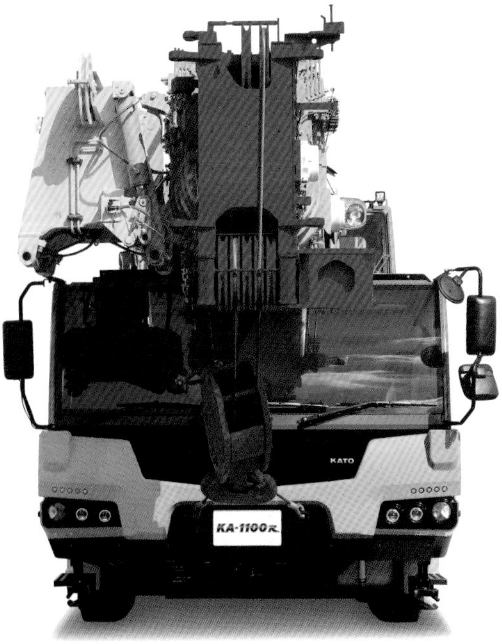

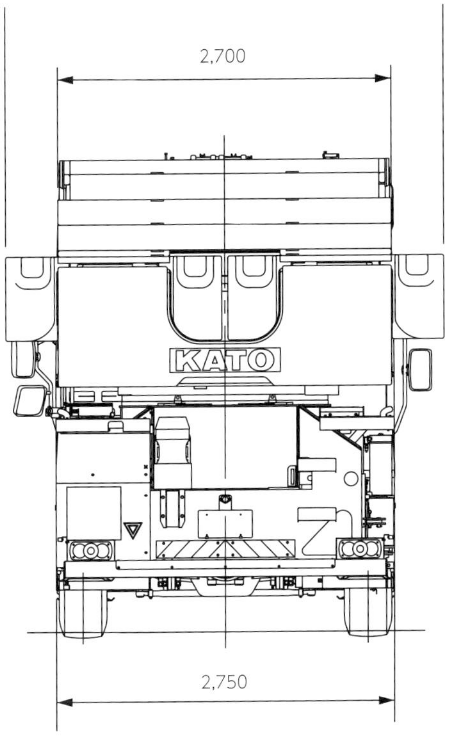

ROUGH TERRAIN CRANE

ラフテレーンクレーン

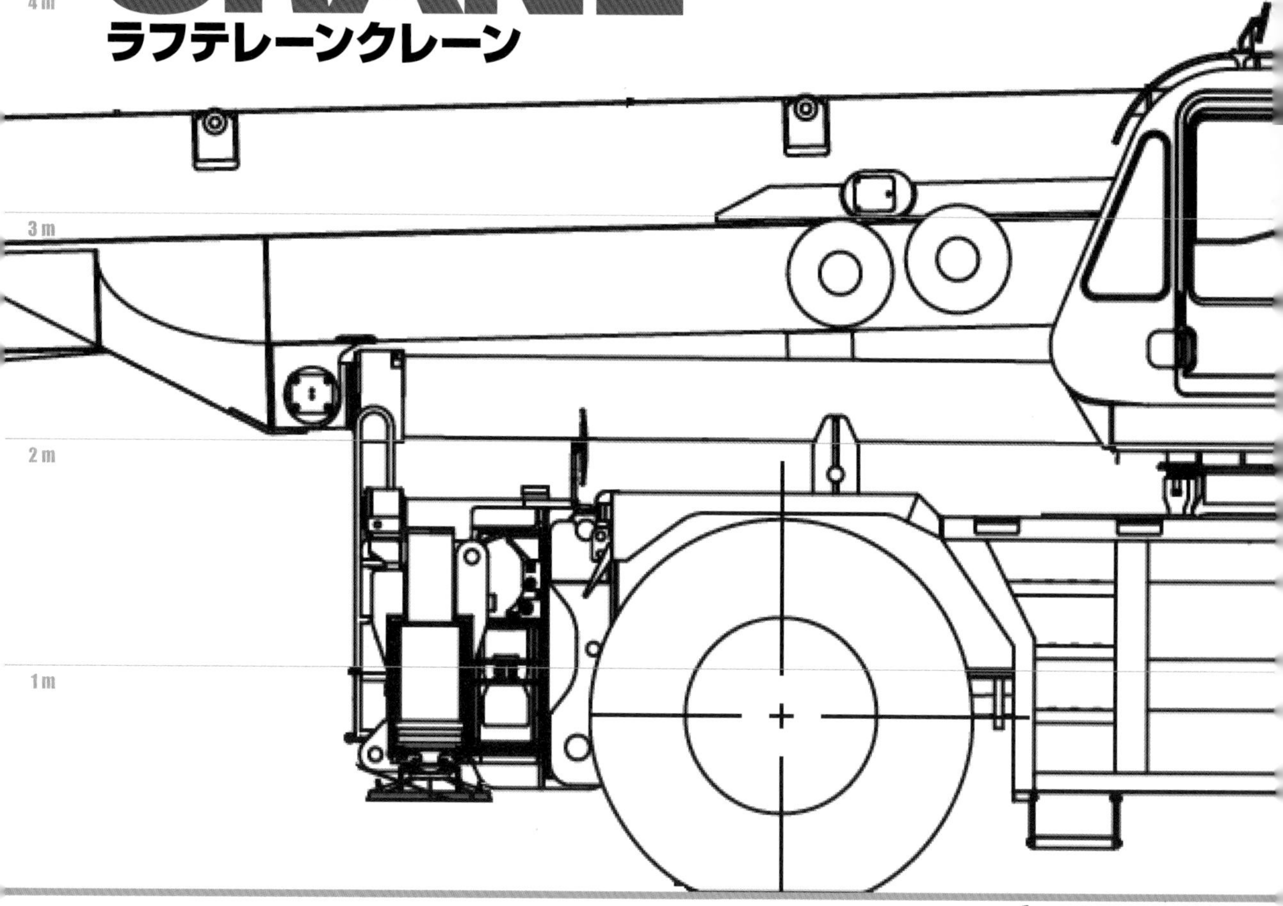

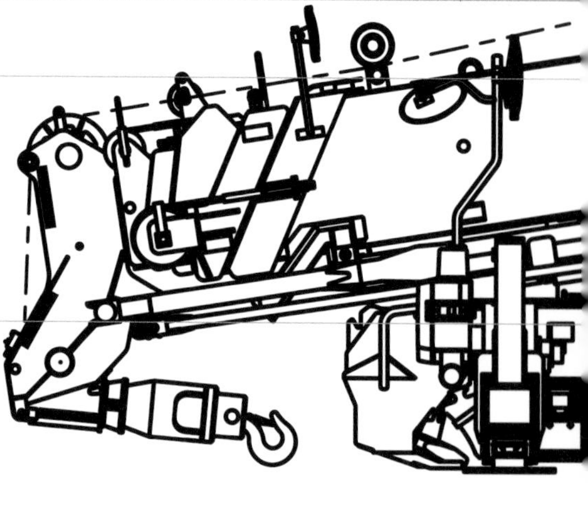

KOBELC
LINX130-2

発売当時最新のディーゼルエンジンを搭載しており、特殊自動車2014年排出ガス規制に適合。ウインチの構造を変更することで、操作性・作業効率の大幅にアップを実現している。一般道を安全に走行できるようアシスト機能を採用している。

TADANO
GR-1450EX

ハードソフト両面から性能と効率を求めている。ハード面ではラウンドブームの強度をアップしたことで車両の軽量化と最大吊り上げ能力を向上させ、ソフト面では車両の稼働状況や位置情報、保守管理状況をインターネット上でサポートする。

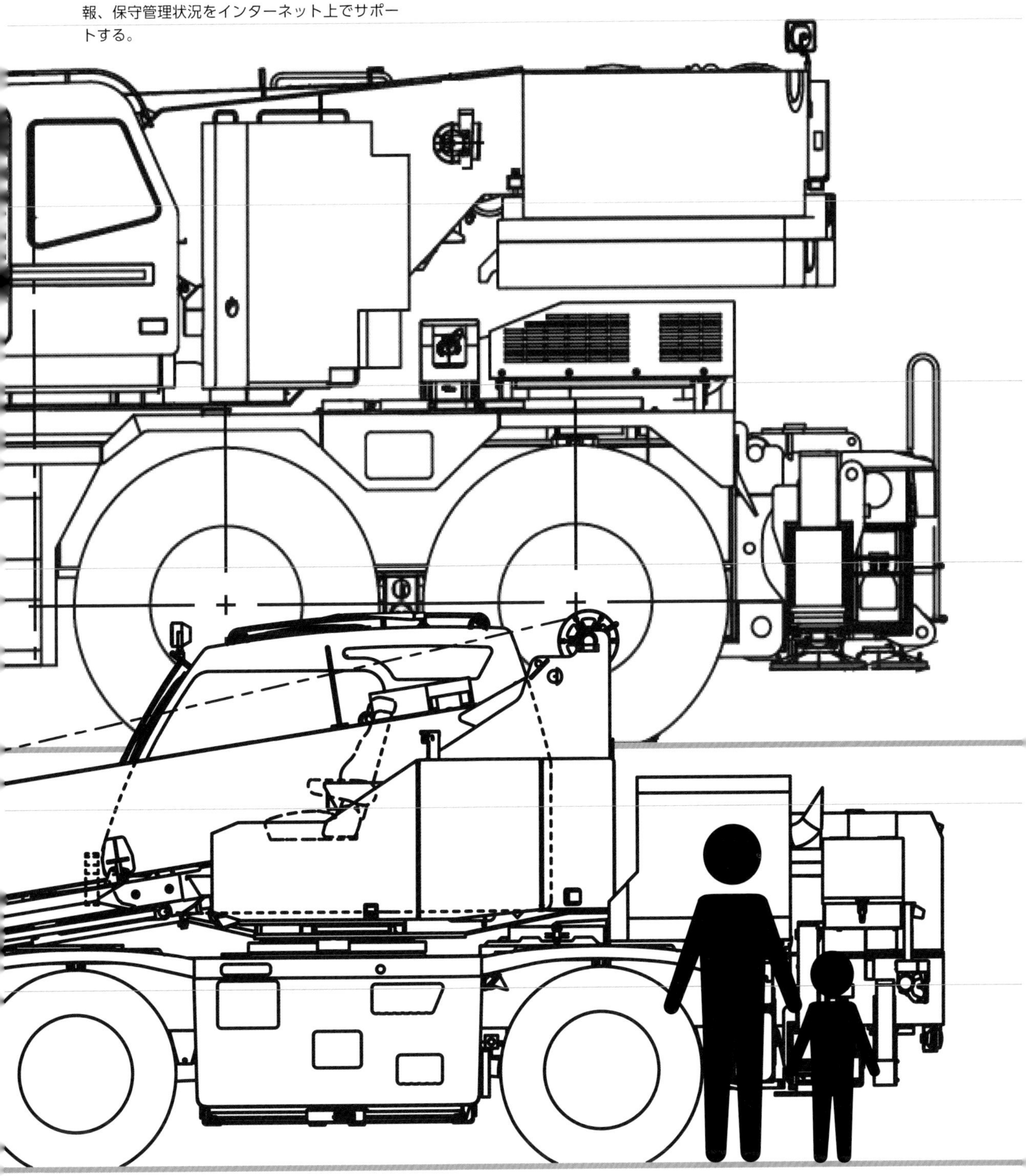

TADANO
GR-1450EX

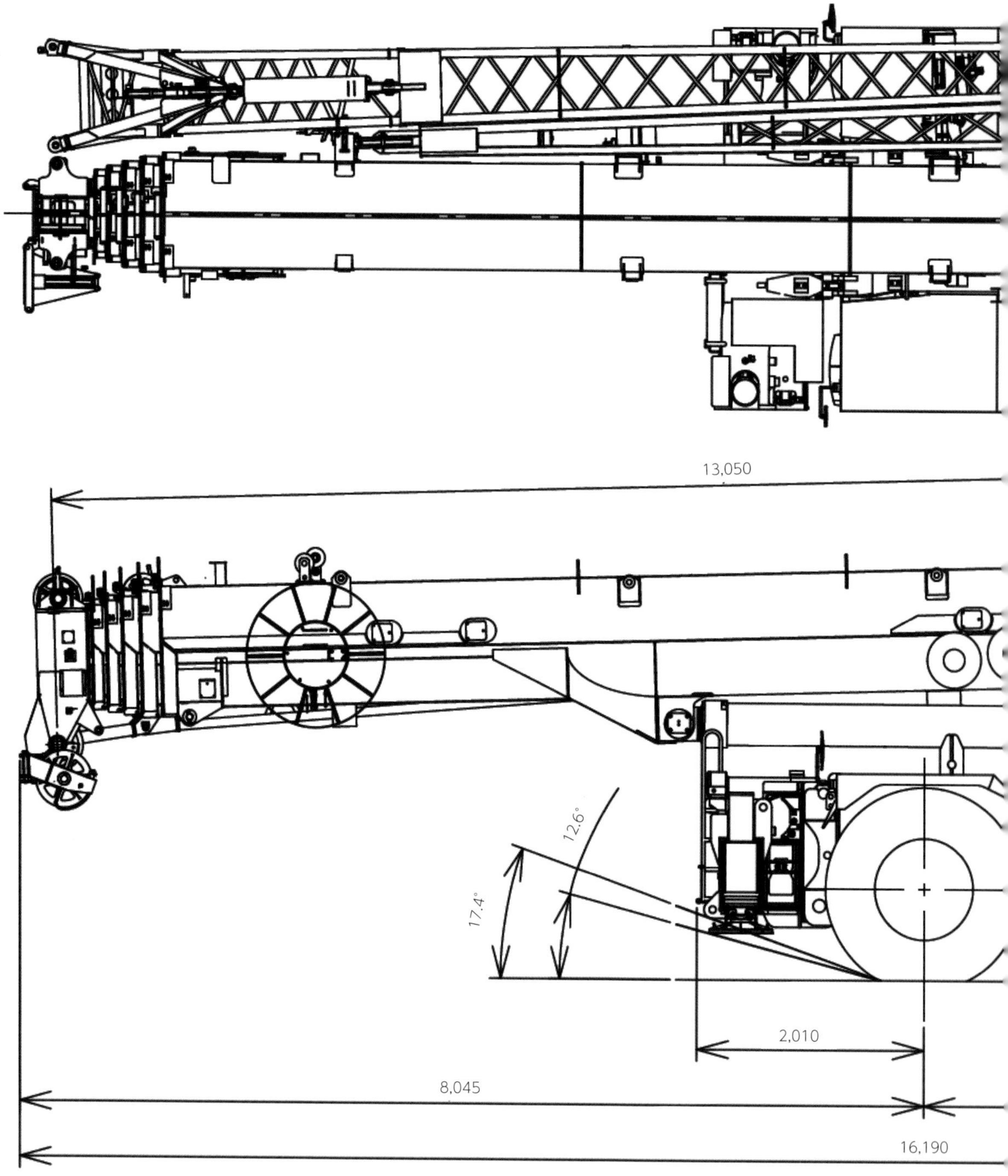

最大吊り上げ能力が145tの世界最大級ラフテレーンクレーン。コンパクトな3軸キャリヤと強靭なクレーン性能を融合し、軽量化とクレーン性能を両立させる高強度ラウンドブームを装備。燃料消費モニタをはじめとした３種類のエコシステムを採用といったソフト面も充実。

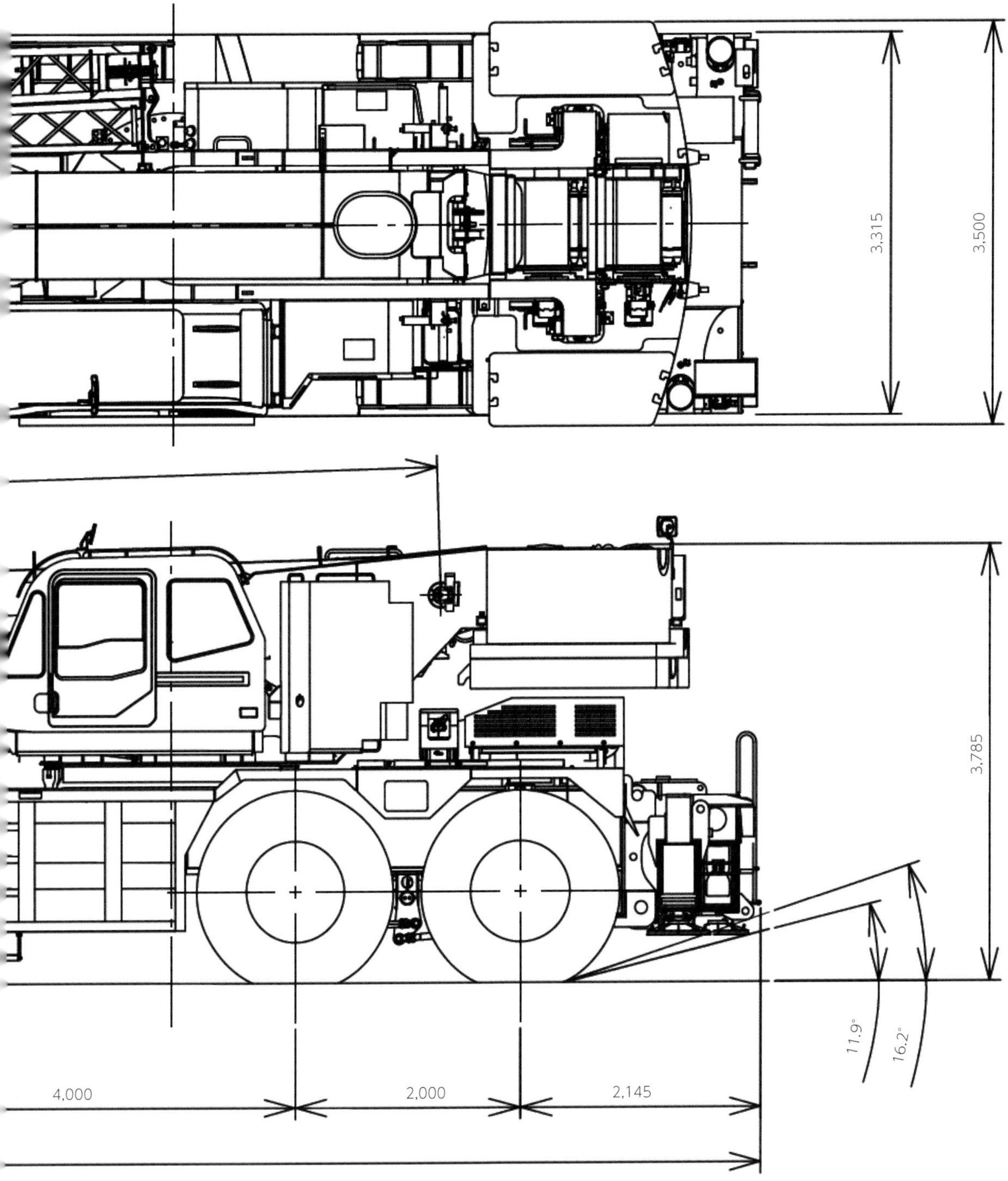

TADANO GR-1450EX

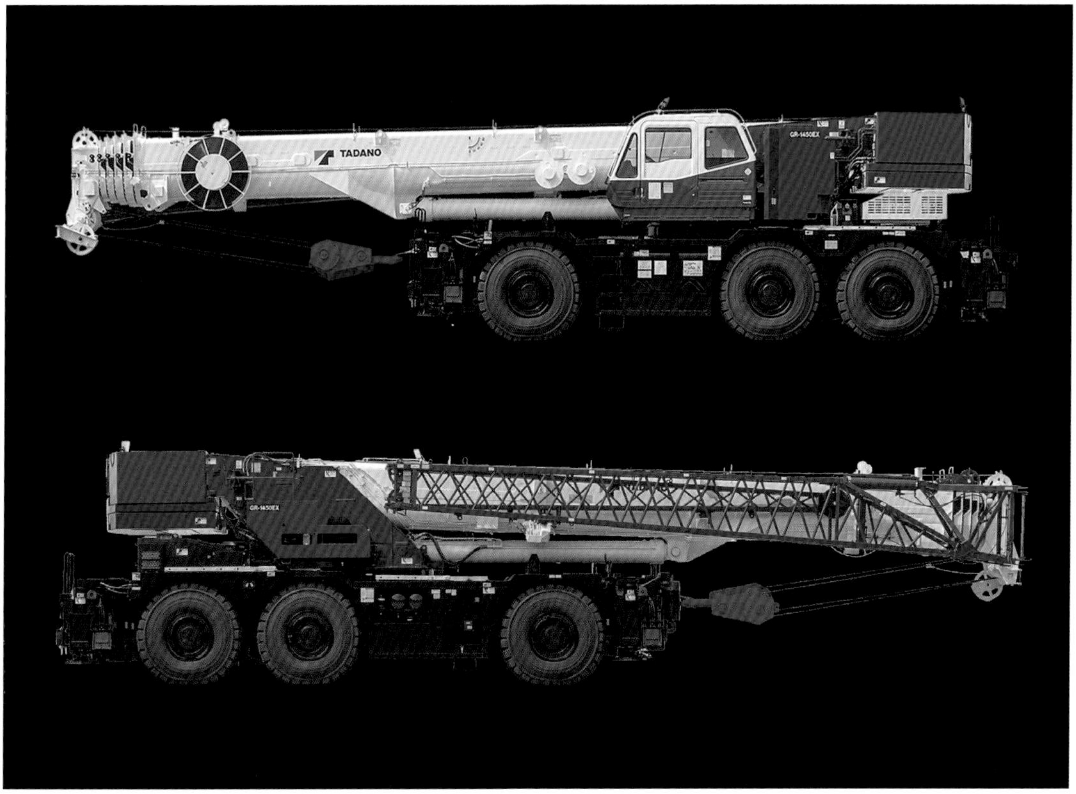

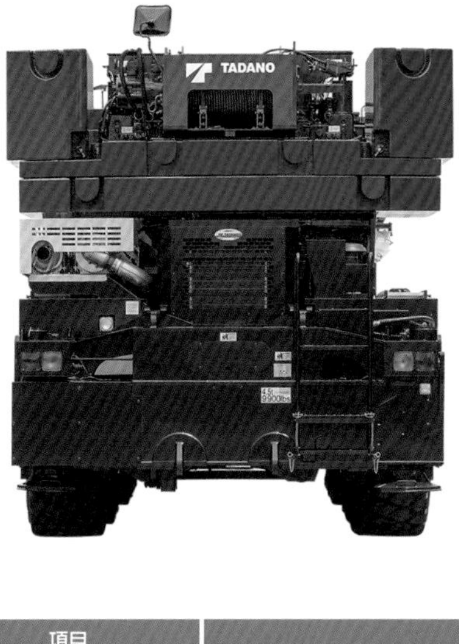

項目	
全長	16,190mm
全幅	3,315mm
全高	3,785mm
エンジン形式	ディーゼル
エンジンモデル	QSB6.7 + SCR Tier4F
エンジン出力	201 kW
排気量	6,700cc

KOBELCO
RK130-2

さまざまなハード面の強化もさることながら、特筆すべきはソフト面の強化。一般道を安全に走行するためのアシスト装置を搭載、オプションに敷板の設置・格納、アウトリガのスライド、ジャッキの設置・格納、ジブの装着・格納をおこなうことが可能な操作ができるラジコンが用意されている。

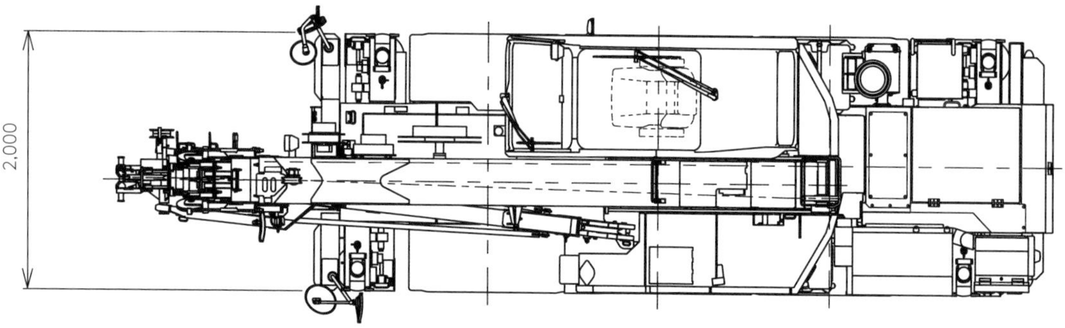

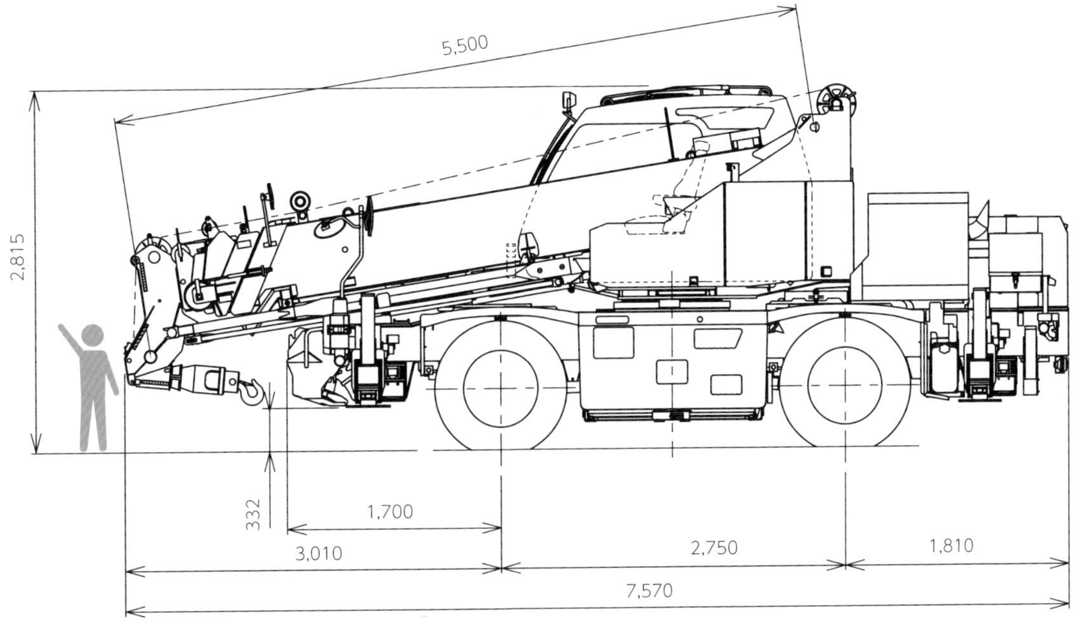
5,500
2,815
332
1,700
3,010
2,750
1,810
7,570

KOBELCO RK130-2

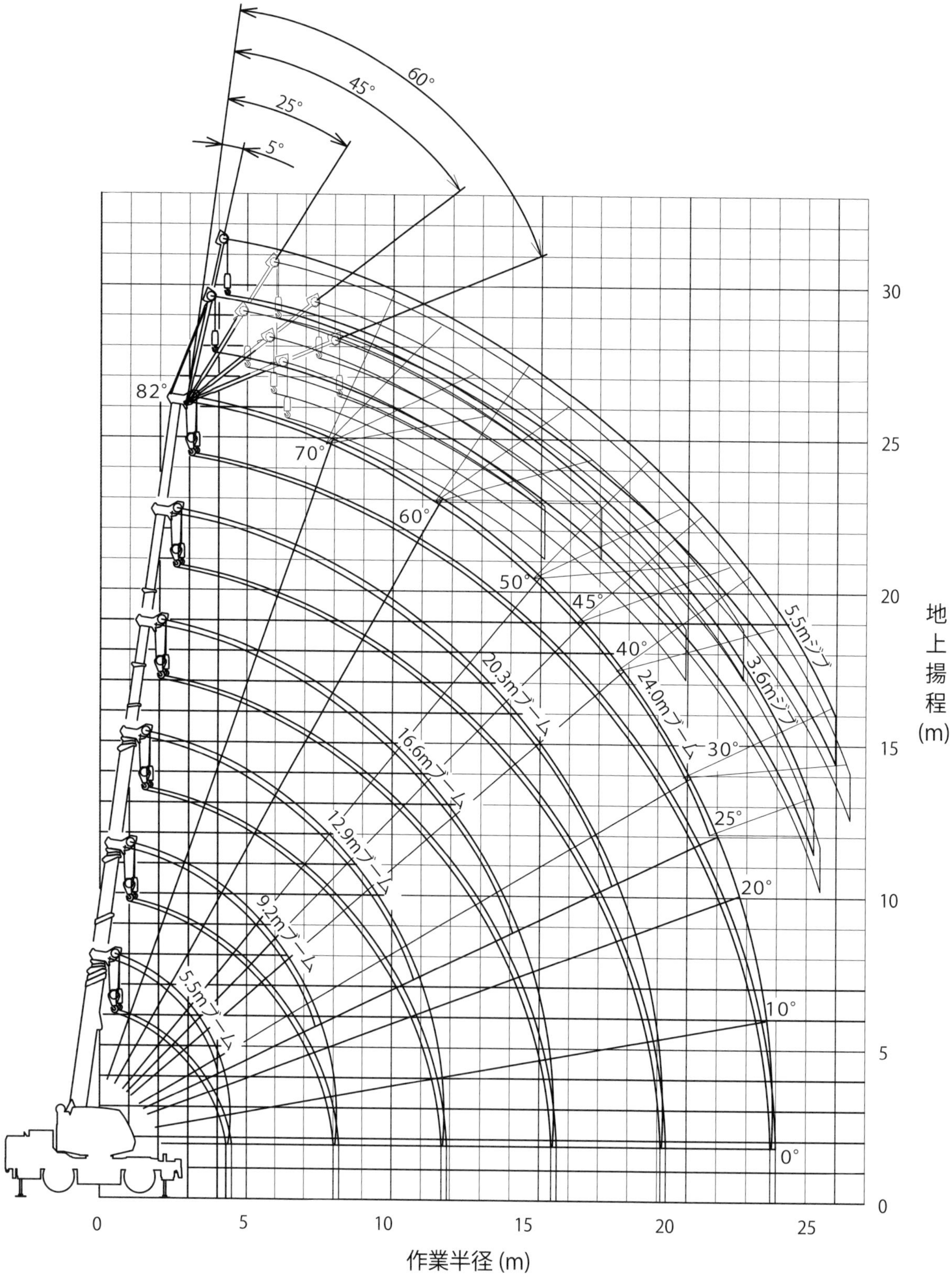

項目	
全長	7,570mm
全幅	2,000mm
全高	2,815mm
エンジン形式	ディーゼル
エンジンモデル	QSB 4.5
エンジン出力	121 kW
排気量	4,460cc

OTHER MINI MACHINE

KATO MR-130Rf

ワークフローを見直し、ジブ装着の格納作業は高所作業をなくしたため安全で簡単に。省エネ運転アシスト、電子水準器、クレーン車初の障害物検知機能搭載により走行中の安全性向上など、オペレータへの負担が大きく軽減した。

項目	
全長	7,465mm
全幅	1,995mm
全高	2,870mm
エンジン形式	ディーゼル
エンジンモデル	J5EUM
エンジン出力	129kW
排気量	5,123cc

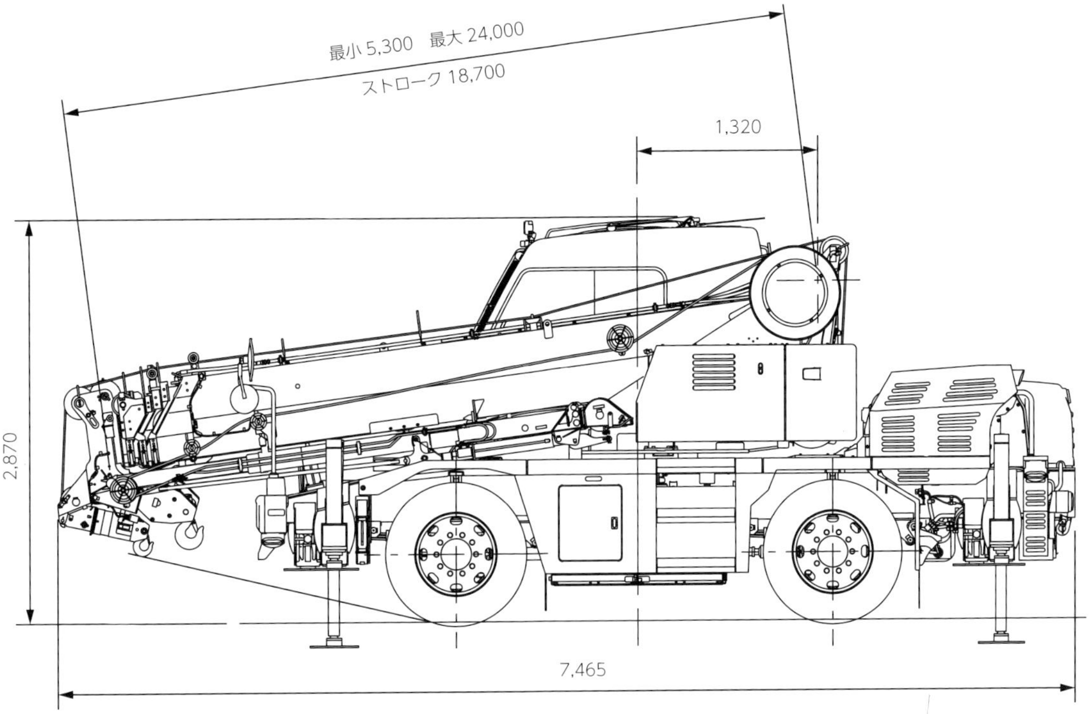
最小 5,300　最大 24,000
ストローク 18,700
1,320
2,870
7,465

MR-130Rf
PREMIUM

KATO
MR-130Rf
PREMIUM

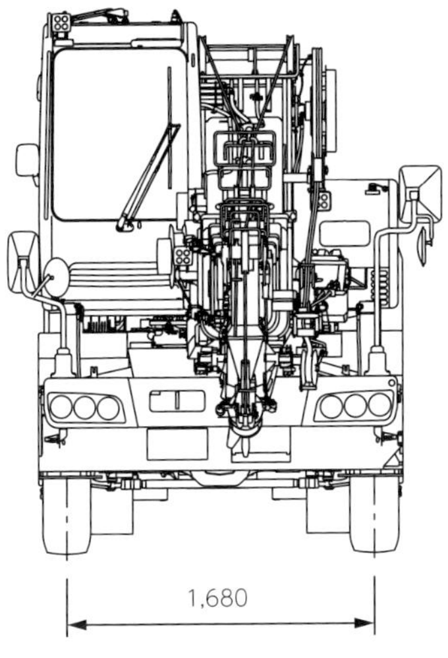
1,680

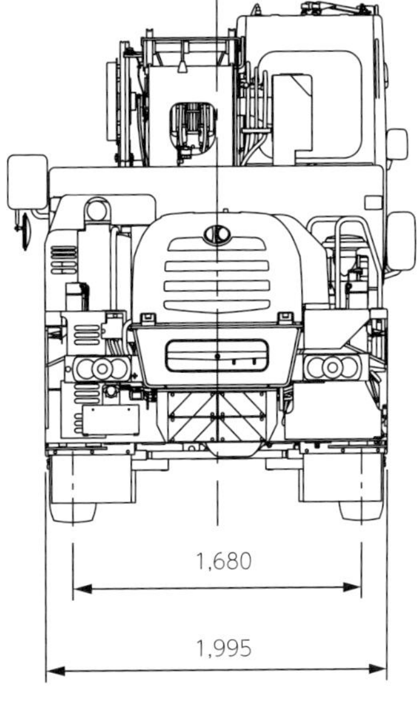
1,680
1,995

CRAWLER CRANE
クローラークレーン

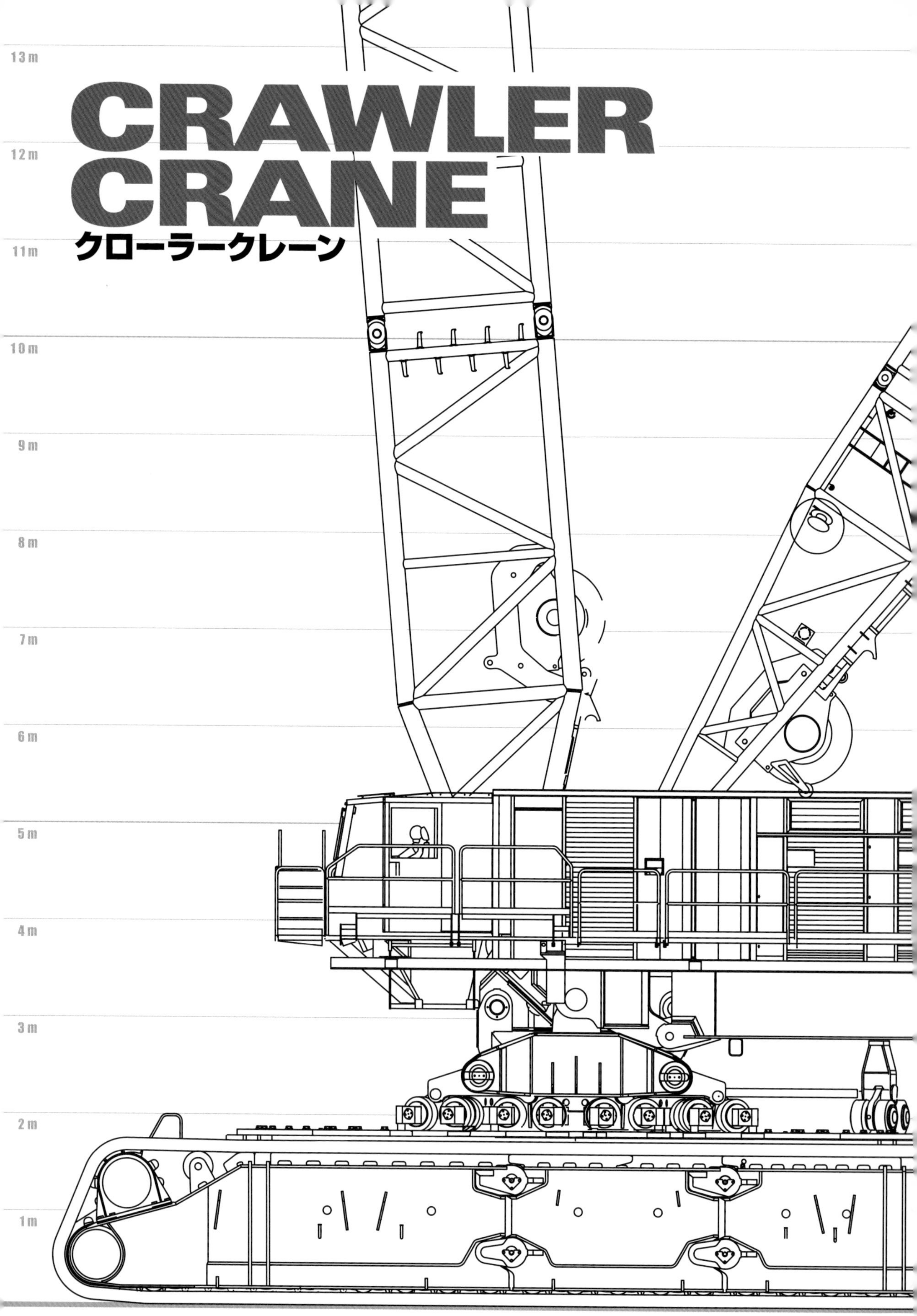

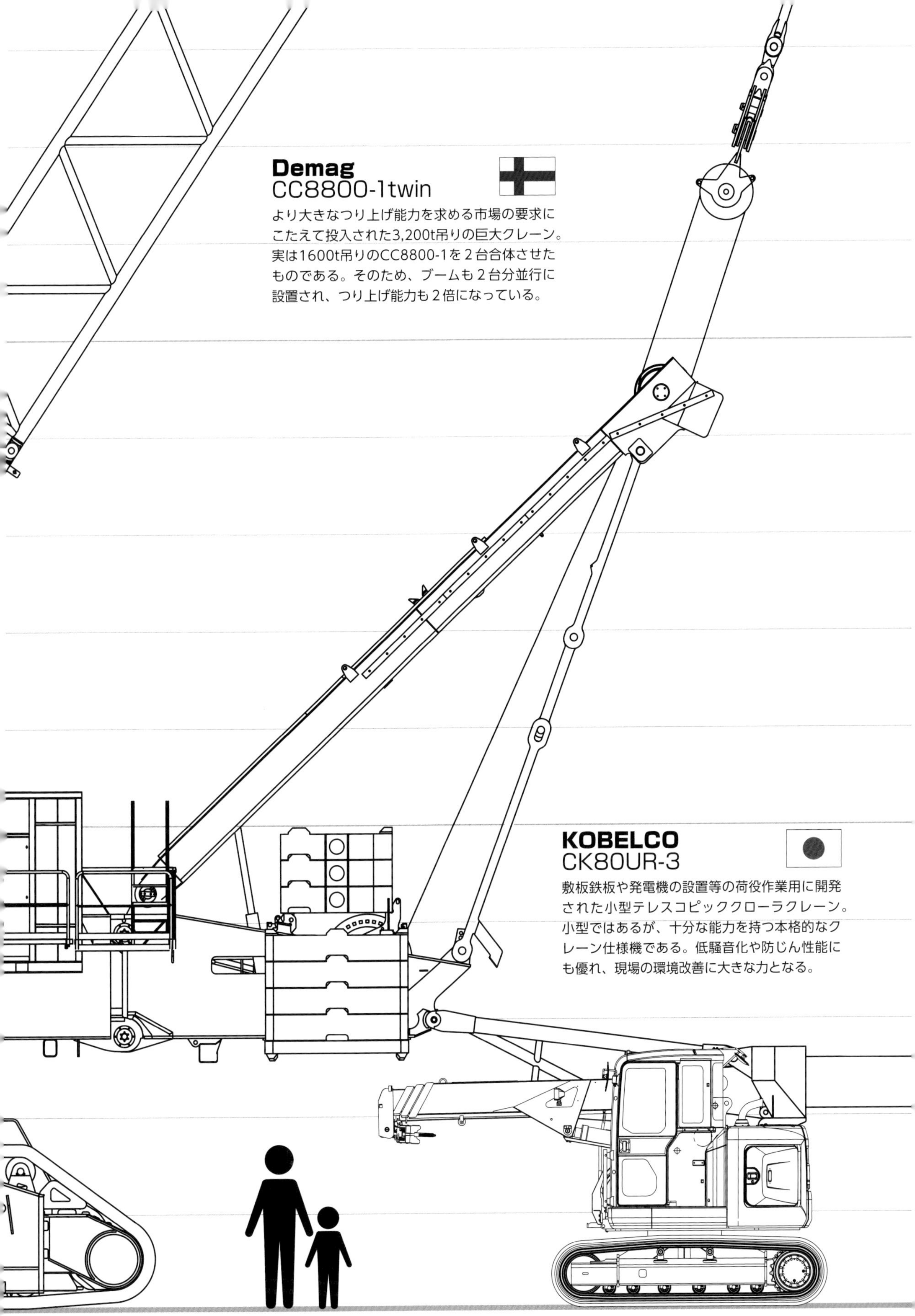

Demag
CC8800-1twin

より大きなつり上げ能力を求める市場の要求にこたえて投入された3,200t吊りの巨大クレーン。実は1600t吊りのCC8800-1を２台合体させたものである。そのため、ブームも２台分並行に設置され、つり上げ能力も２倍になっている。

KOBELCO
CK80UR-3

敷板鉄板や発電機の設置等の荷役作業用に開発された小型テレスコピッククローラクレーン。小型ではあるが、十分な能力を持つ本格的なクレーン仕様機である。低騒音化や防じん性能にも優れ、現場の環境改善に大きな力となる。

Demag
CC8800-1twin

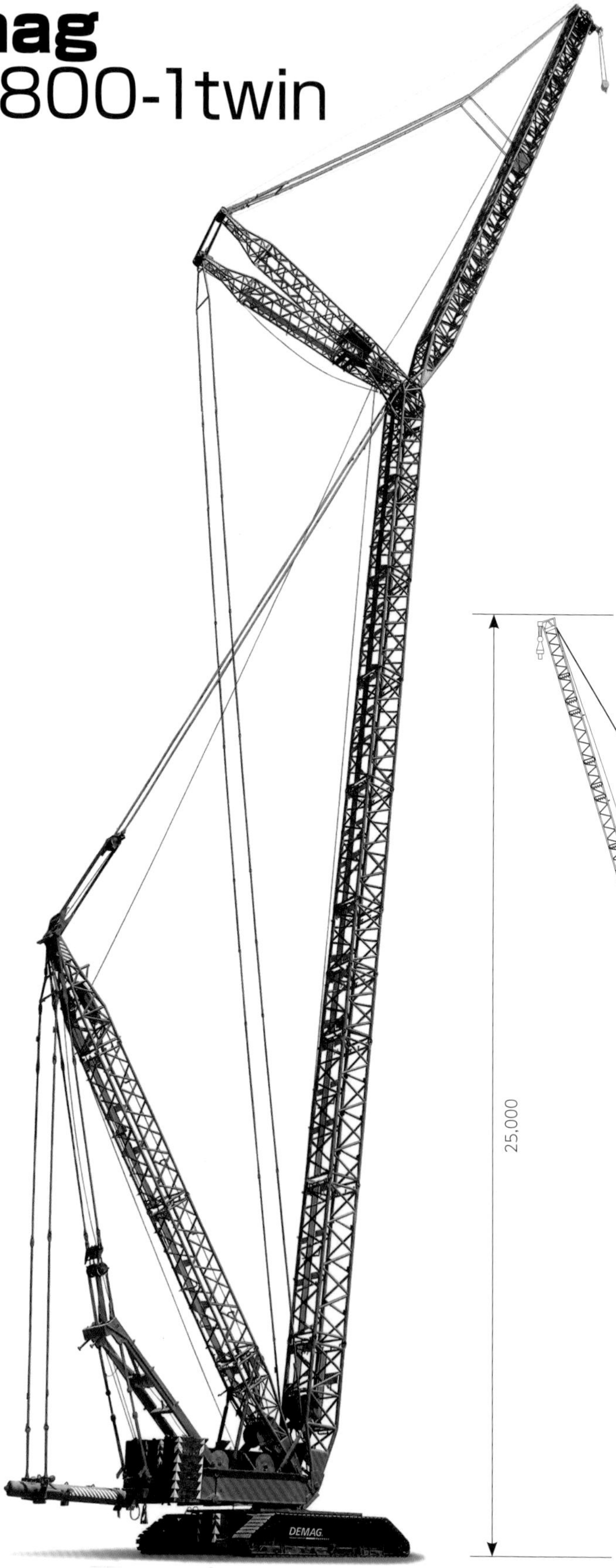

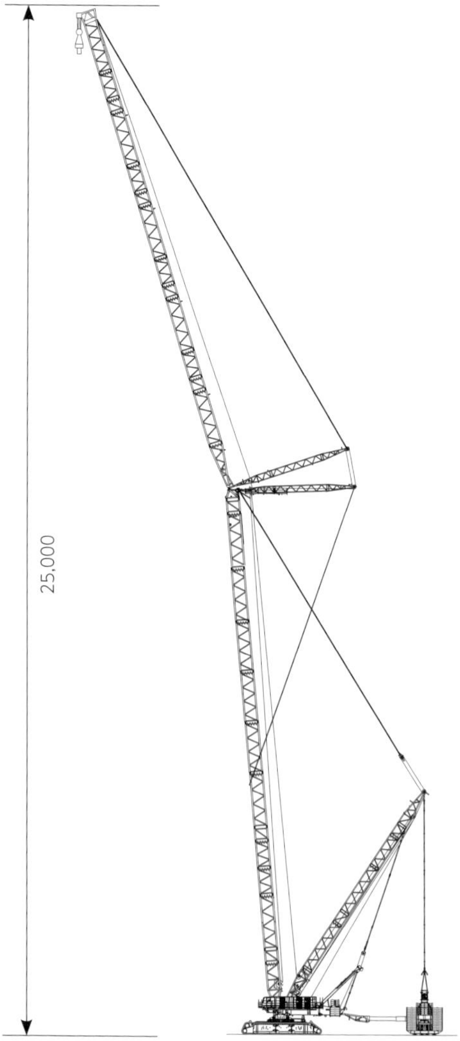

標準的なCC8800-1にツインキットを使用すると、合体させてTwinにすることができる。それによって最大3,527トンのリフト容量にアップグレードでる。またTwinには、ドライブユニットと制御システムが２つあり、1つのエンジンまたは制御システムが故障した場合でも動作し続けることができる。

項目	
全長（本機-ウェイト間）	最大 25,000mm
全幅	21,300mm
最大ブーム長さ	84,000mm
エンジン形式	ディーゼル
エンジンモデル	OM５０２ＬＡ
エンジン出力	５１６馬力×２
最大吊り上げ能力	１２５０ｔ×１６ｍ

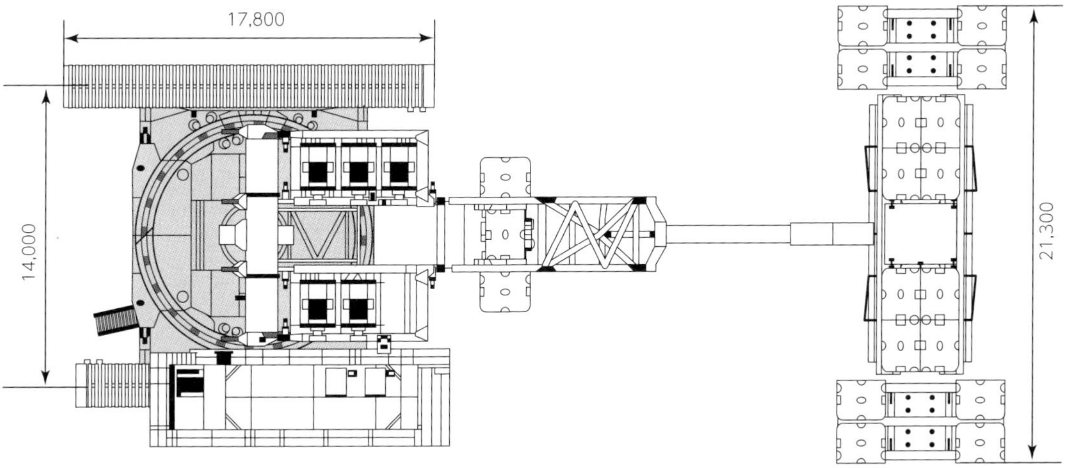

KOBELCO
CK80UR-3

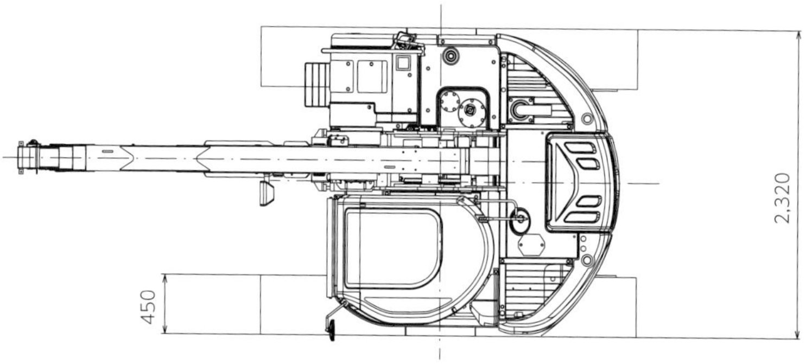

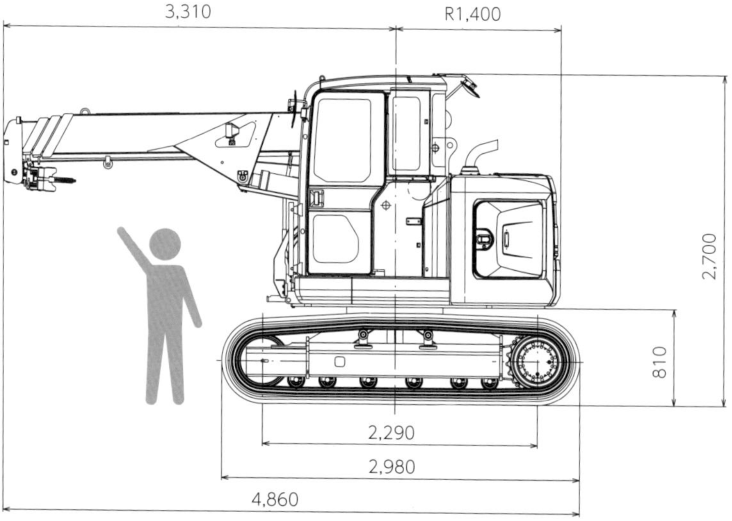

都市部での活躍が期待される小型クローラクレーンに、4.9 t 吊りに匹敵するクレーン能力を維持しながら小型化を達成。また、安全性、信頼性、メンテナンス性、環境性も重点的に改善した。

項目	
全長	最大 25,000mm
全幅	23,200mm
最大ブーム長さ	84,000mm
エンジン形式	ディーゼル
エンジンモデル	OM 502 L A
エンジン出力	516 馬力× 2
最大吊り上げ能力	1250 t × 16 m

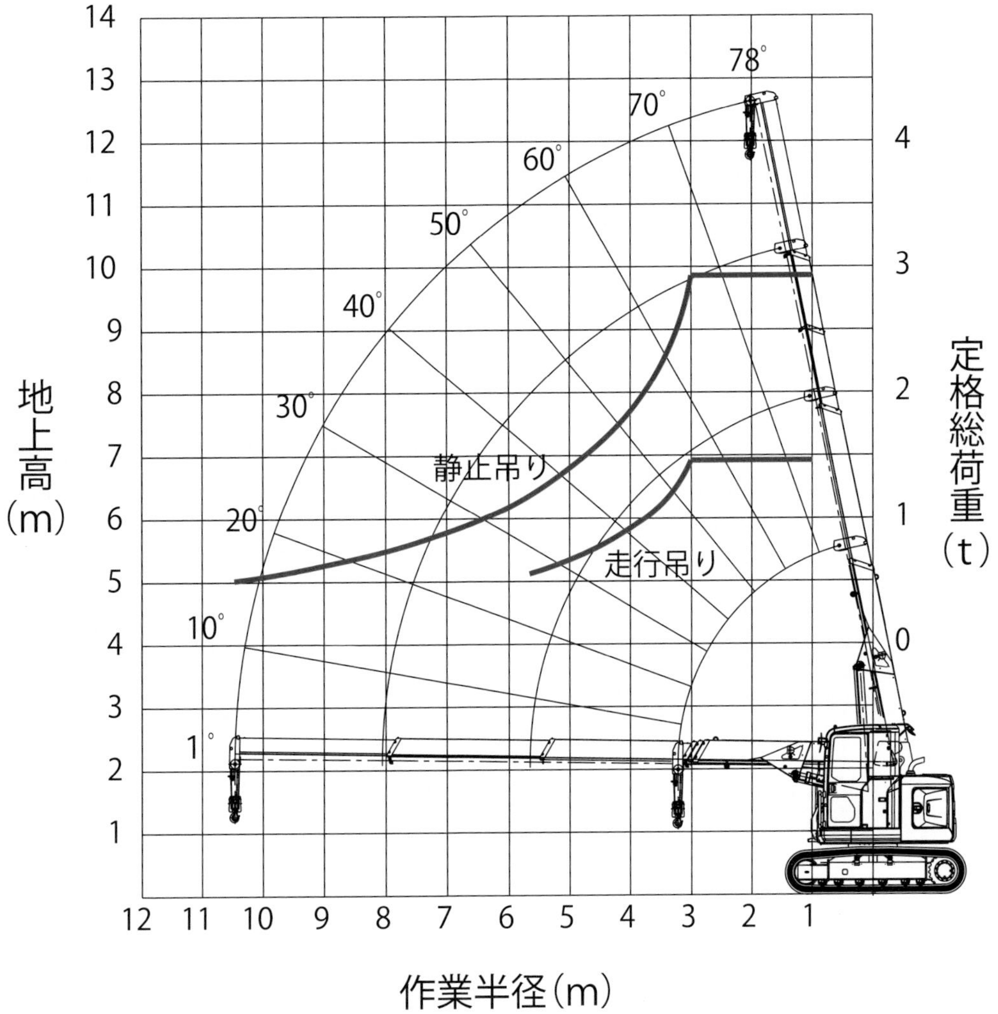

OTHER MINI MACHINE

MAEDA CC423S-1

さまざまな車体情報を一元化して表示できる新型モニターを採用。 クレーン作業記録機能、消耗品の一覧表示などといったサポート機能を大幅に充実させた。吊作業時の移動に便利なすぐれた機動性を持ち、LEDタイプの三色回転灯・作業灯を採用して視認性の向上も図っている。

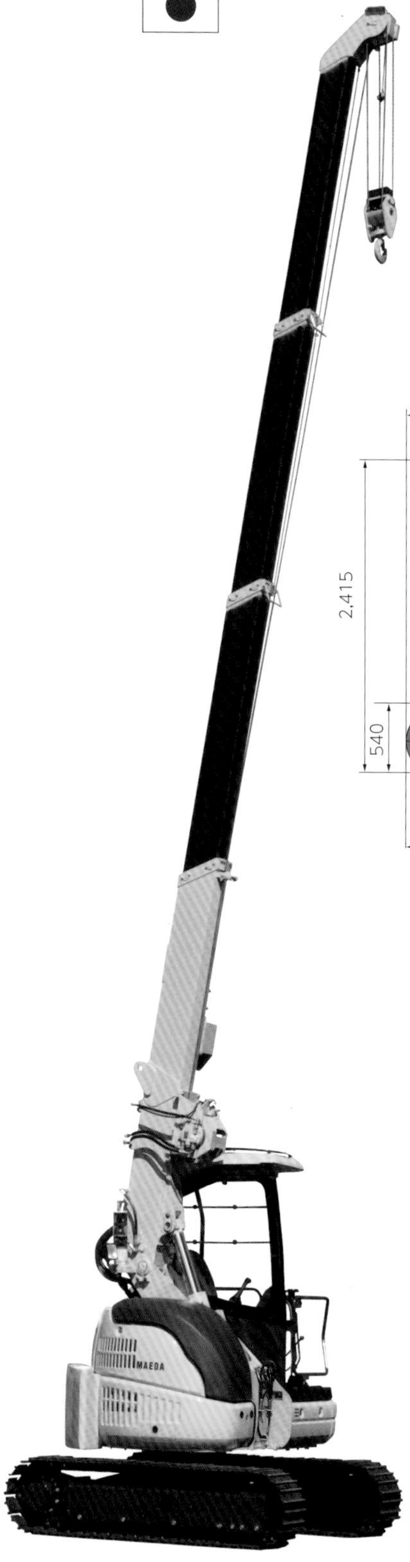

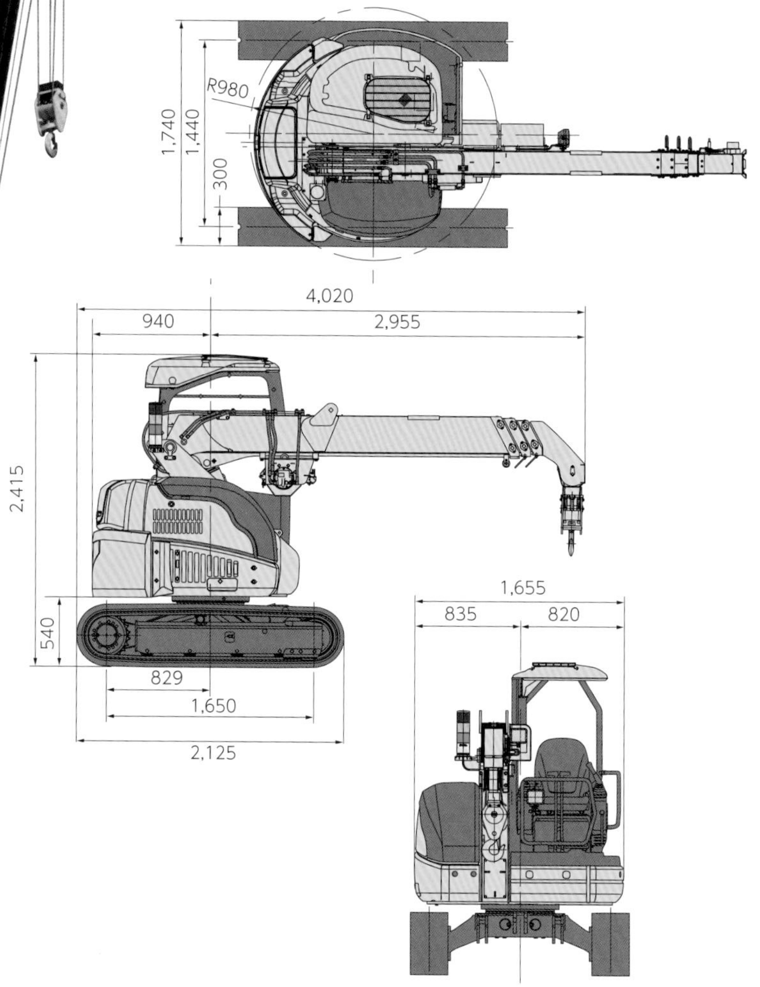

項目	
全長	2,125mm
全高	2,415mm
全幅	1,740mmm
エンジン形式	ディーゼル
エンジンモデル	3TNV88F-EPMBA
エンジン出力	17.5kW
排気量	1,642cc

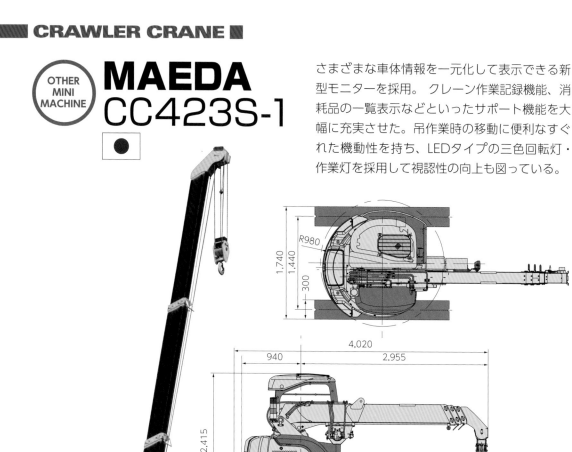

MAEDA

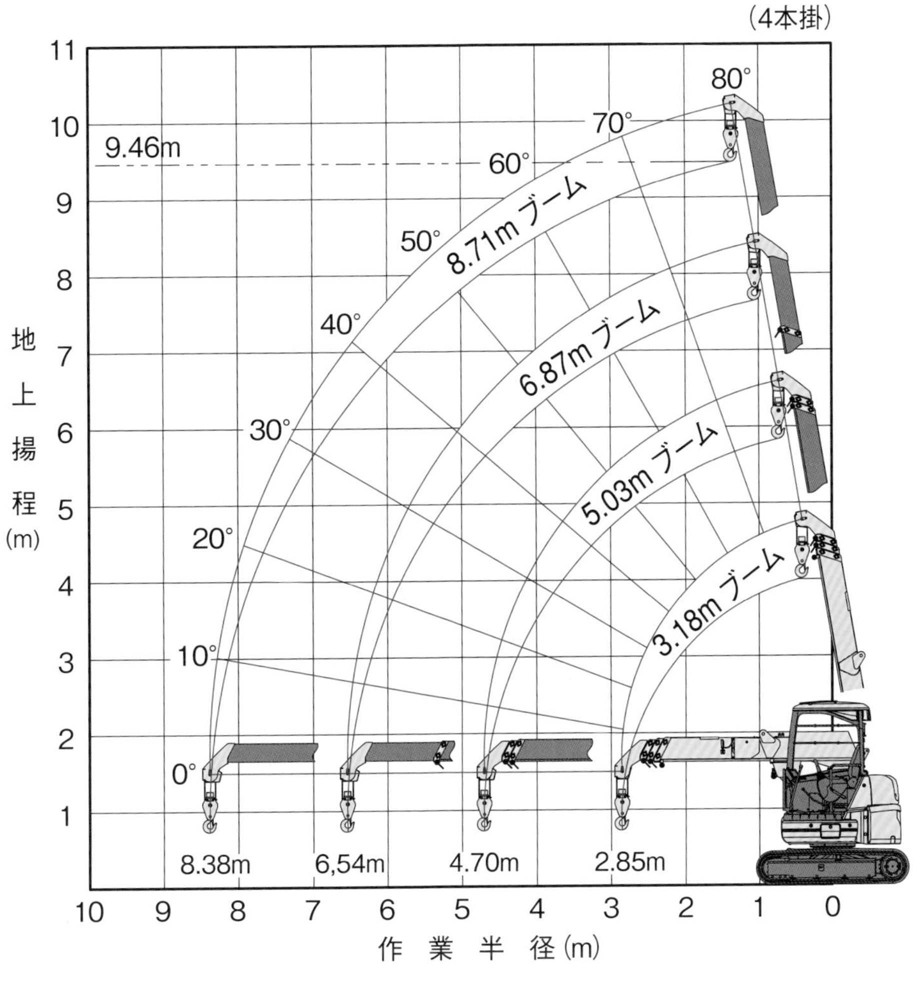
(4本掛)
地上揚程(m)
作業半径(m)
11
10
9
8
7
6
5
4
3
2
1
10
9
8
7
6
5
4
3
2
1
0
9.46m
80°
70°
60°
50°
40°
30°
20°
10°
0°
8.71m ブーム
6.87m ブーム
5.03m ブーム
3.18m ブーム
8.38m
6,54m
4.70m
2.85m

OTHER FORM MACHINE

UNIC W174C

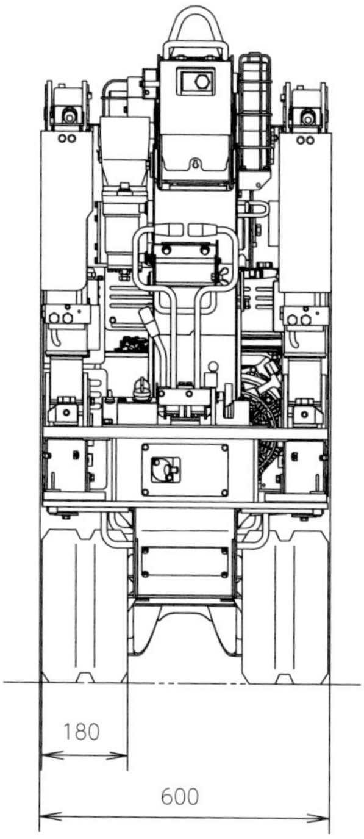

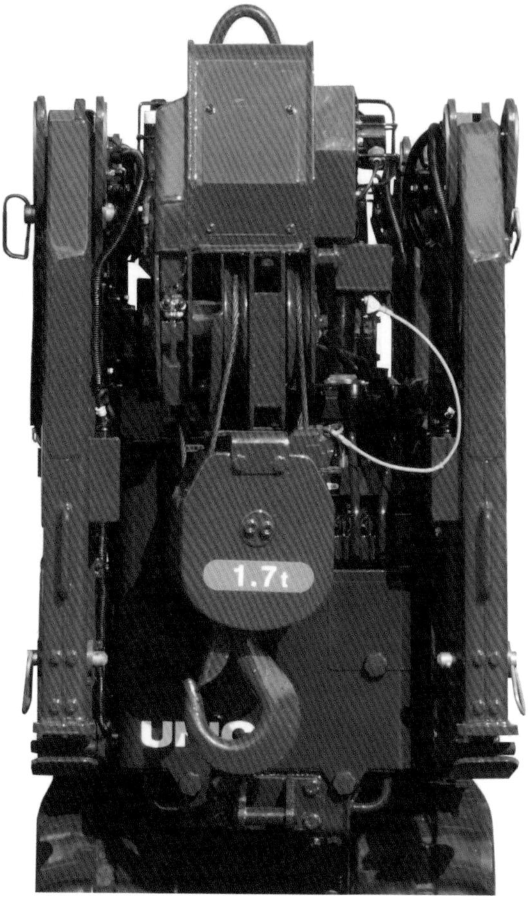

展開した姿は虫のようだが、立派な非乗車型のクローラ式クレーンである。ラジコンによるアウトリガ操作が可能で、アウトリガ4本同時張出・格納といった作業も離れた場所から行うことができる。過負荷を防止装置を採用し、より安全な作業を可能にしている。

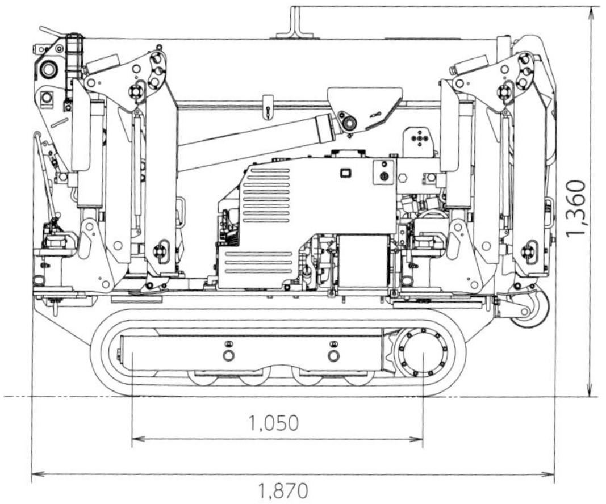

項目	
全長	1,870 mm
全高	1,360 mm
全幅	600 mm
エンジン形式	ガソリン
エンジンモデル	GB400LE-402
エンジン出力	6.6kW
走行速度	高速：0 ～ 4.1km/h 低速：0 ～ 2.1km/h

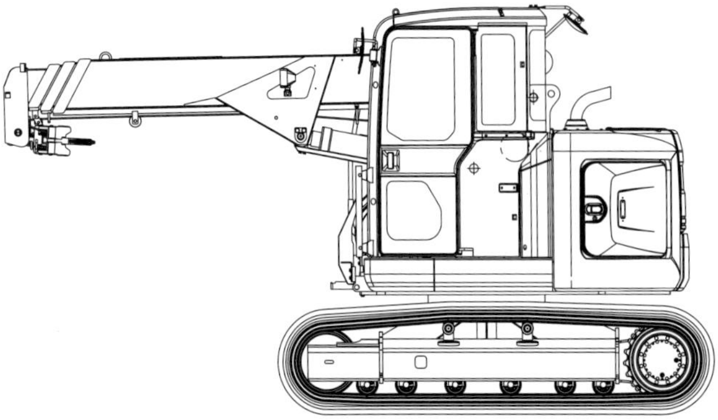

削る
Grader

吊り下げたブレードで地面を削りとる機械

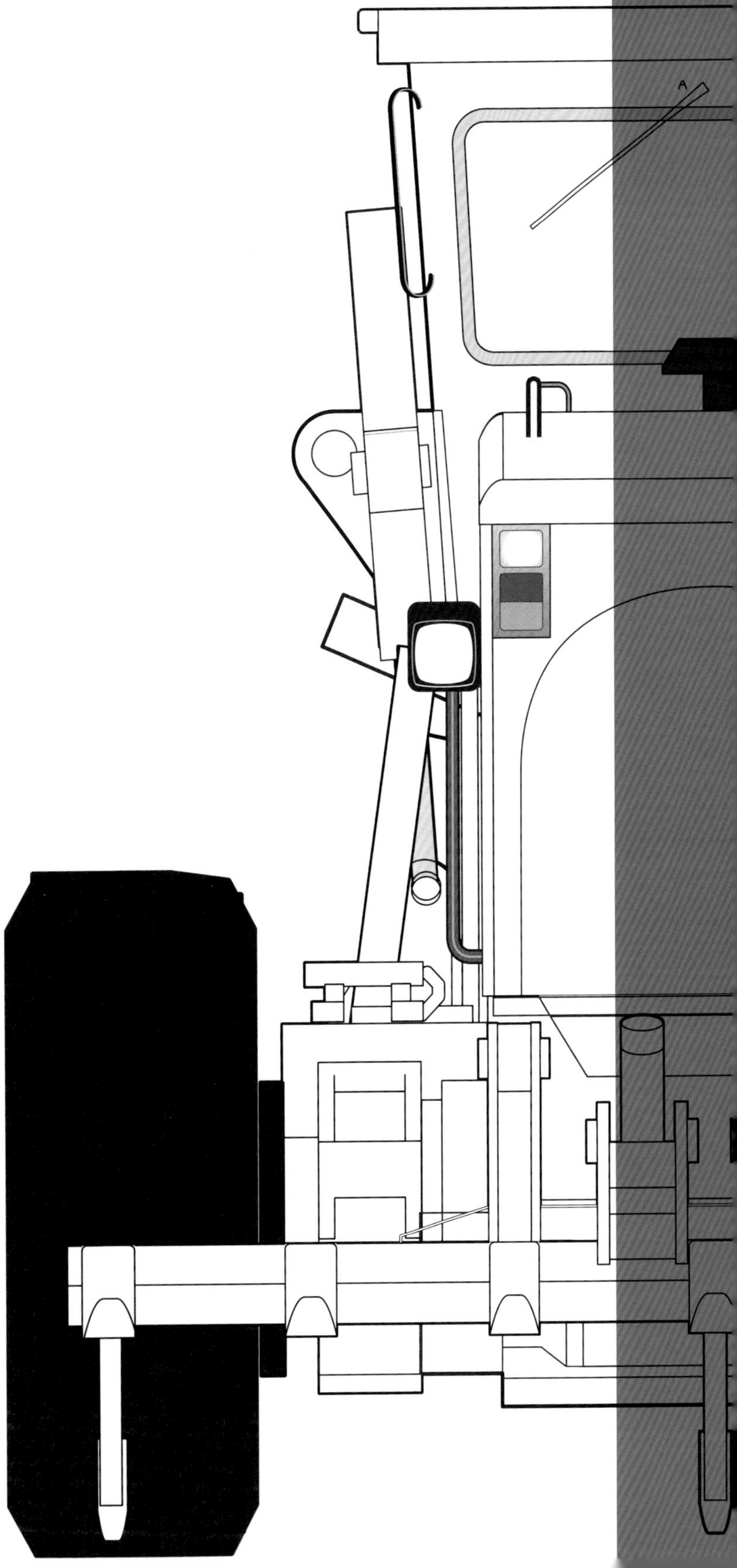

MOTOR GRADER
モーターグレーダー

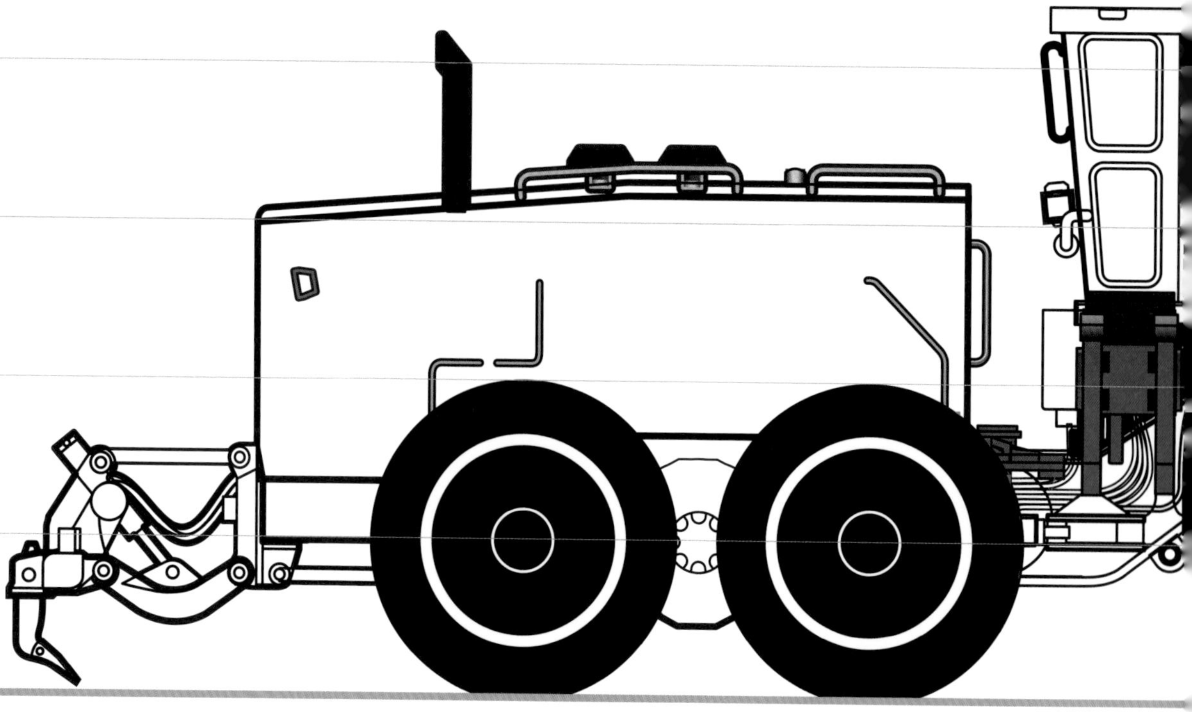

Volvo
G80

Volvoはモーターグレーダとバックホーローダを生産していた。その先進的でハイスペックな製品は人気があったが、現在では生産が終了してしまった。このG80もヨーロッパで長く使用されてきて、現在でも中古市場でで回っている。

CAT® 24M

より広範囲の道路を効率的に作業する能力を求めて開発された最大のモーターグレーダ。居住性にも配慮した最新のキャブの快適さを高い評価を受けている。改善されたパワートレインと新しいモジュール設計、および新しい機械保護機能が大きく作業効率を上げている。

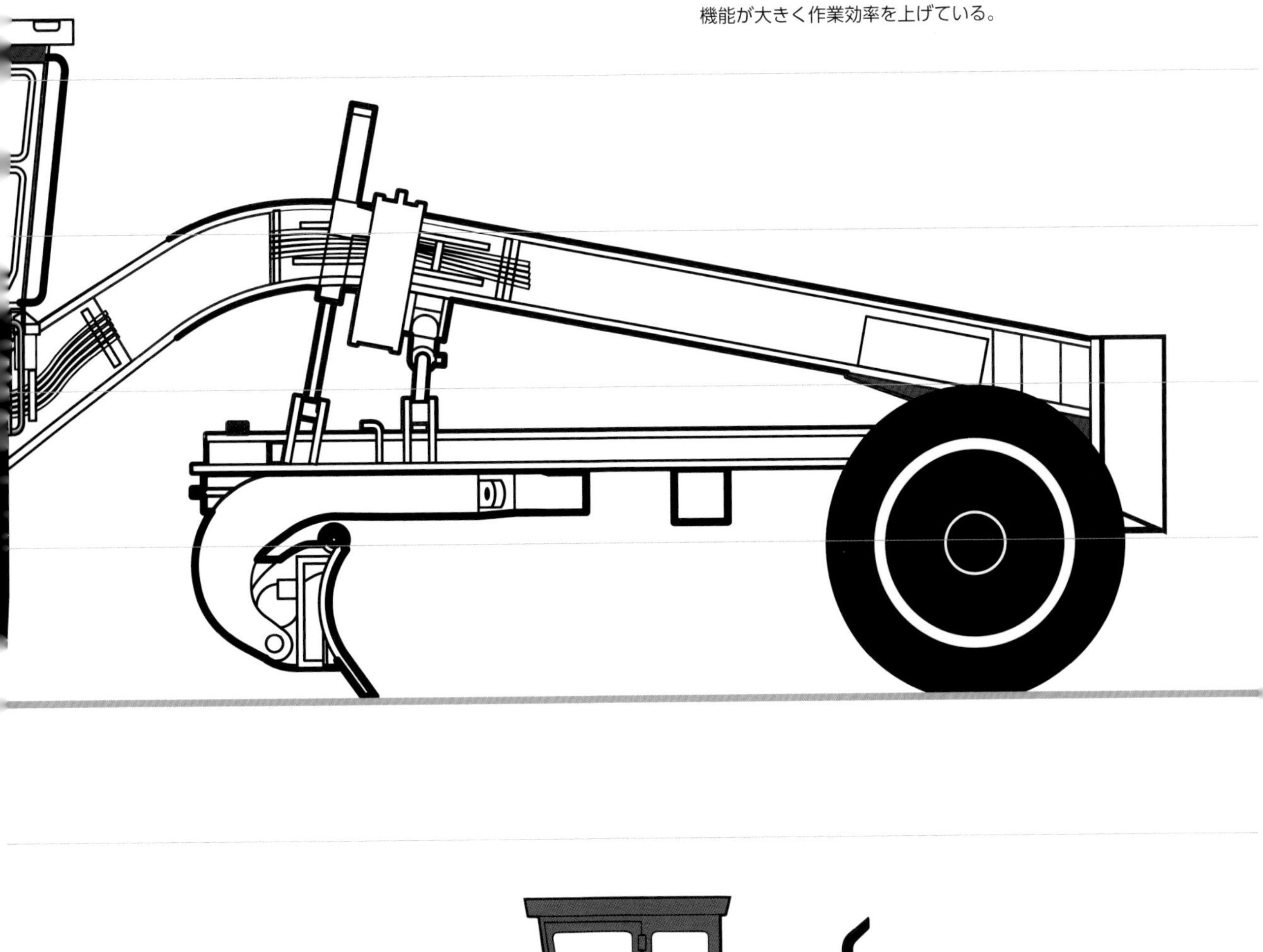

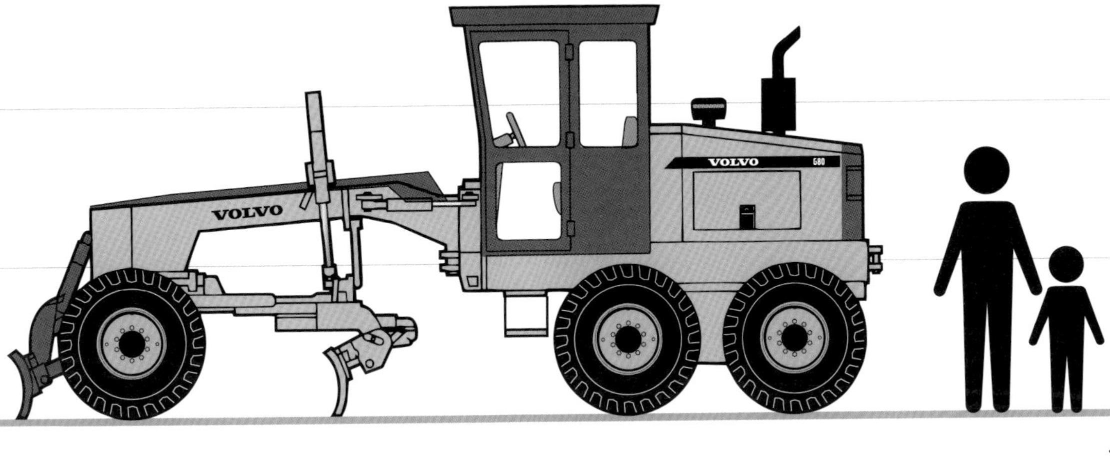

CAT®
24M

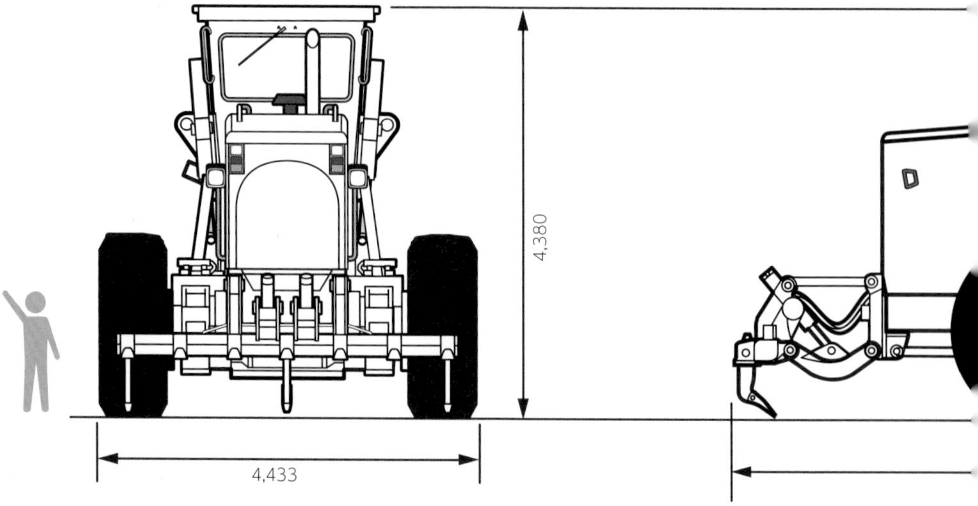

大規模な採掘現場で最大の効率をサポートするために投入された24Mだが、作業者への安全や快適性も考慮されている。革新的なキャブのデザインにより、使いやすさ、視認性、使いやすさが向上。それがより生産性を高めることにつながっている。

項目	
全長	16,707mm
全高	4,380 mm
全幅	4433mm
エンジン形式	ディーゼル
エンジンモデル	Cat C27 ACERT
エンジン出力	399kW
排気量	27,000cc

掲載されている図面はキャタピラー社からのデータをもとに、
独自で描き起こしたものです

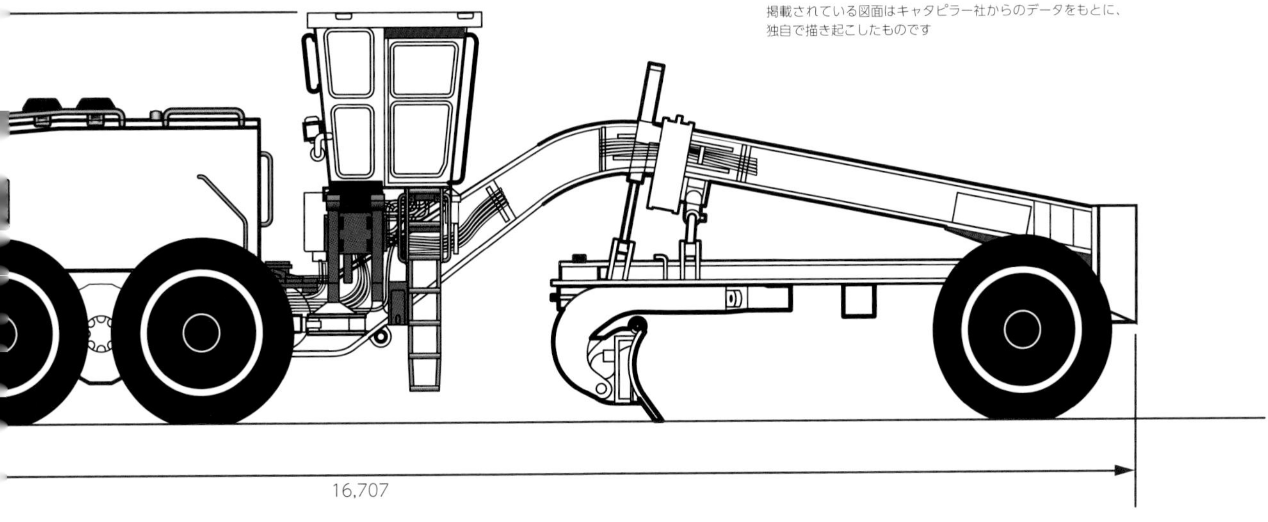

Volvo
G80

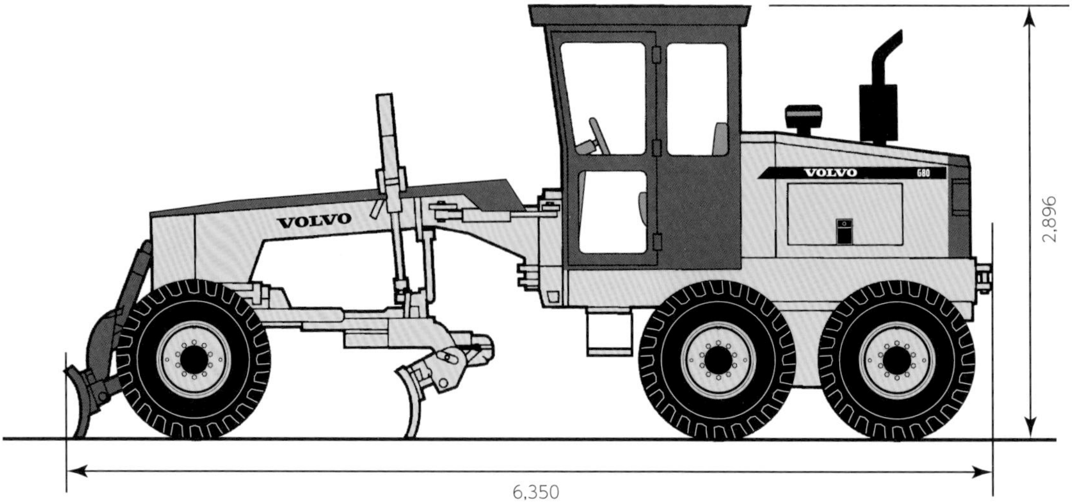
VOLVO
VOLVO
G80
2,896
6,350

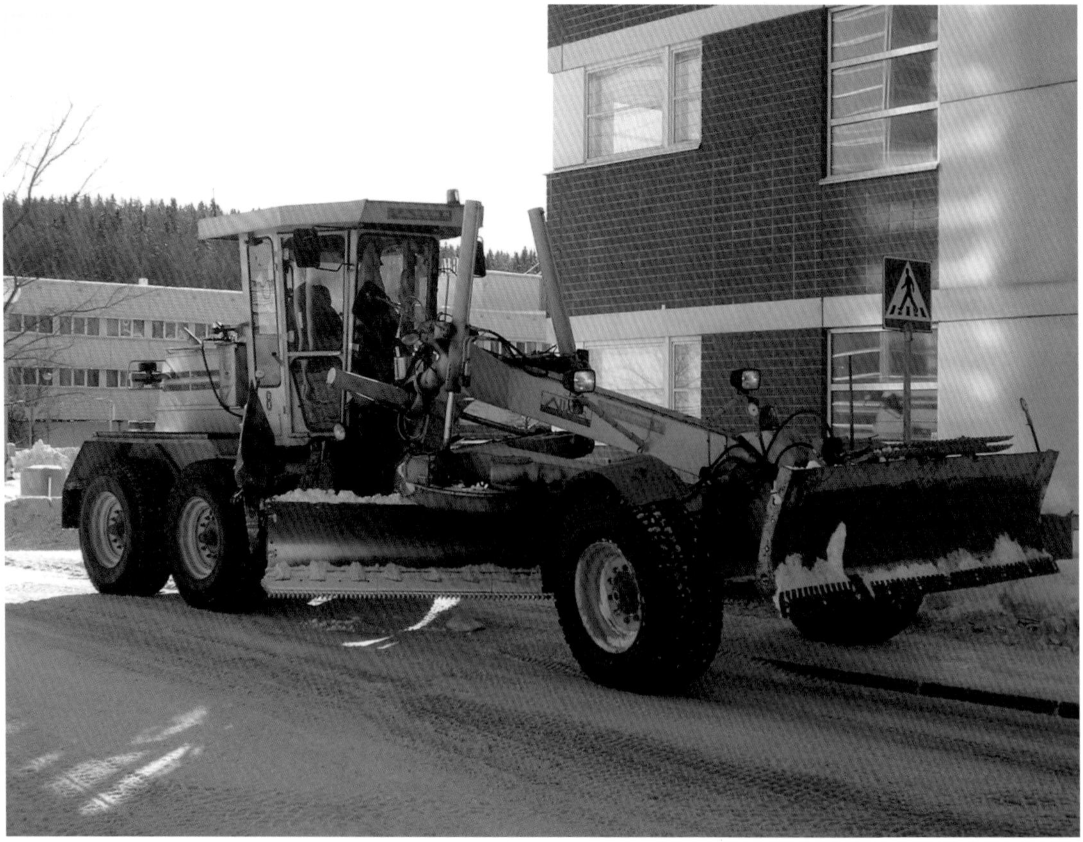

G80は、大規模な現場には向かないが、小さなグレーダパッケージで大きなグレーダ作業を行うことが可能であり、5メートル未満の回転半径で十分な仕事を行うことができるよう設計されていた。

項目	
全長	6,350mm
全幅	2,362mm
最小回転半径	5,029mm
エンジン形式	ディーゼル
エンジンモデル	Cummins 4B3.9
エンジン出力	65 kW
ブレード長	3,048mm

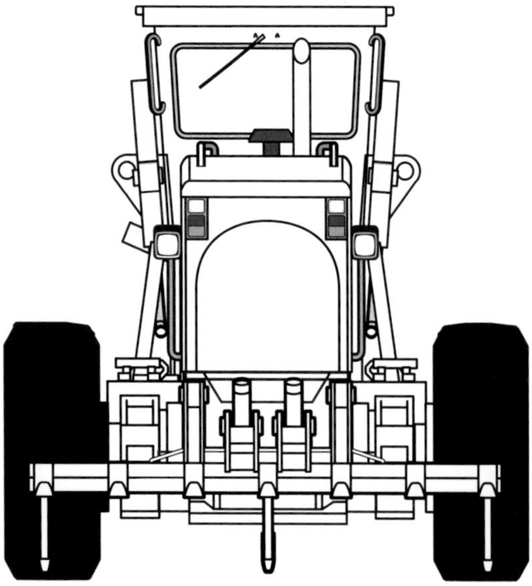

圧す

Roller

軟弱な地面を押し固め、整地する機械

McADAM ROLLER

マカダムローラ

HITACHI
ZC125M-5

2014年に改正された排ガス規制に対応して販売開始されたZC125M-5。騒音規制の基準値もクリアし、環境にも配慮している。安全性・作業性・メンテナンス性を向上させており、さまざまな現場で活躍している。現在、マカダムローラは統一規格で生産されているため、各社で大きさに差はない。

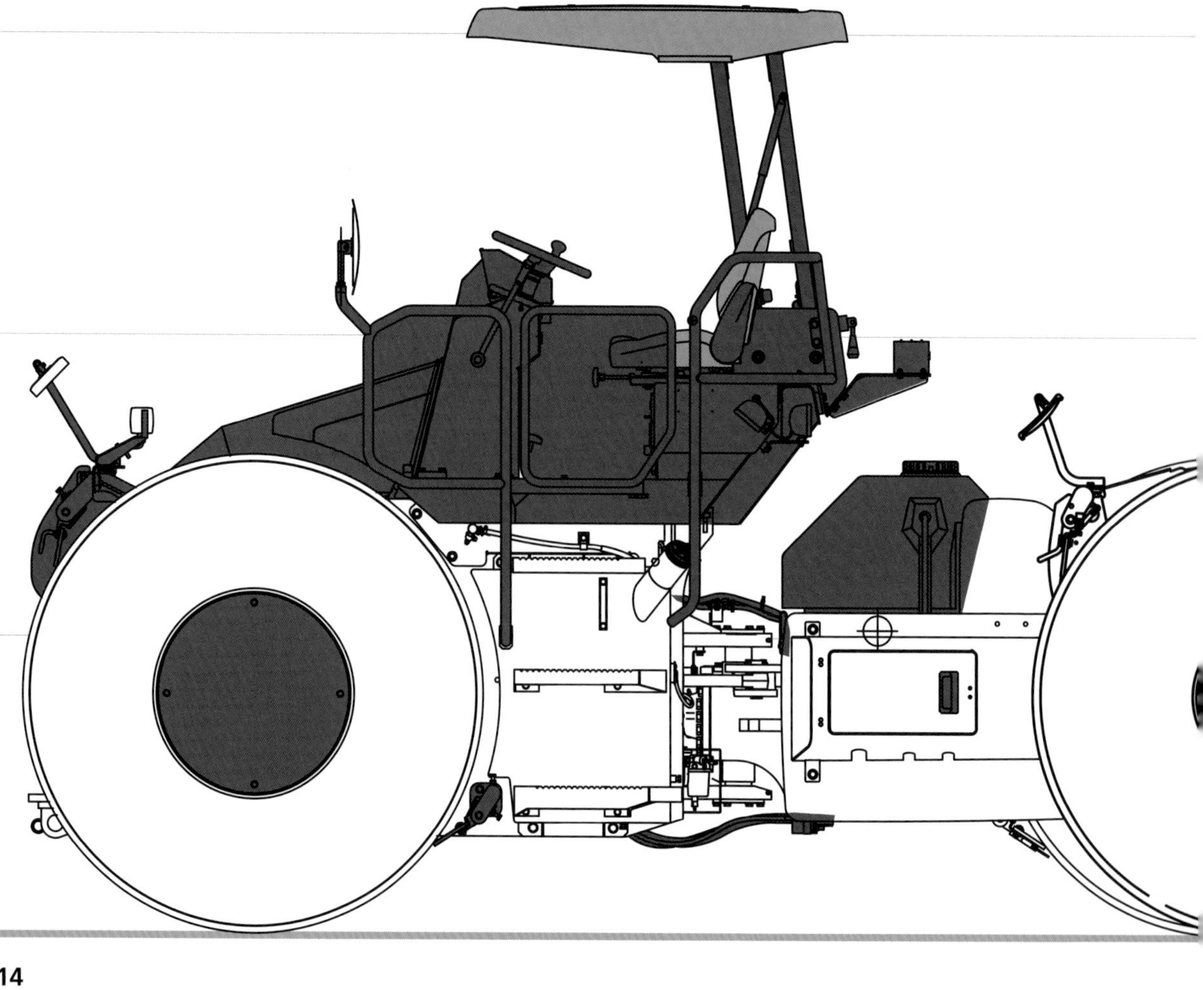

SAKAI
R2-4

1974年に発売されて以来、長く使われている日本のマカダムローラの代名詞な機種。現在までにさまざまな改良がなされアップデートを続けており、日本だけでなく海外でもR2型を似せた製品が販売されている。

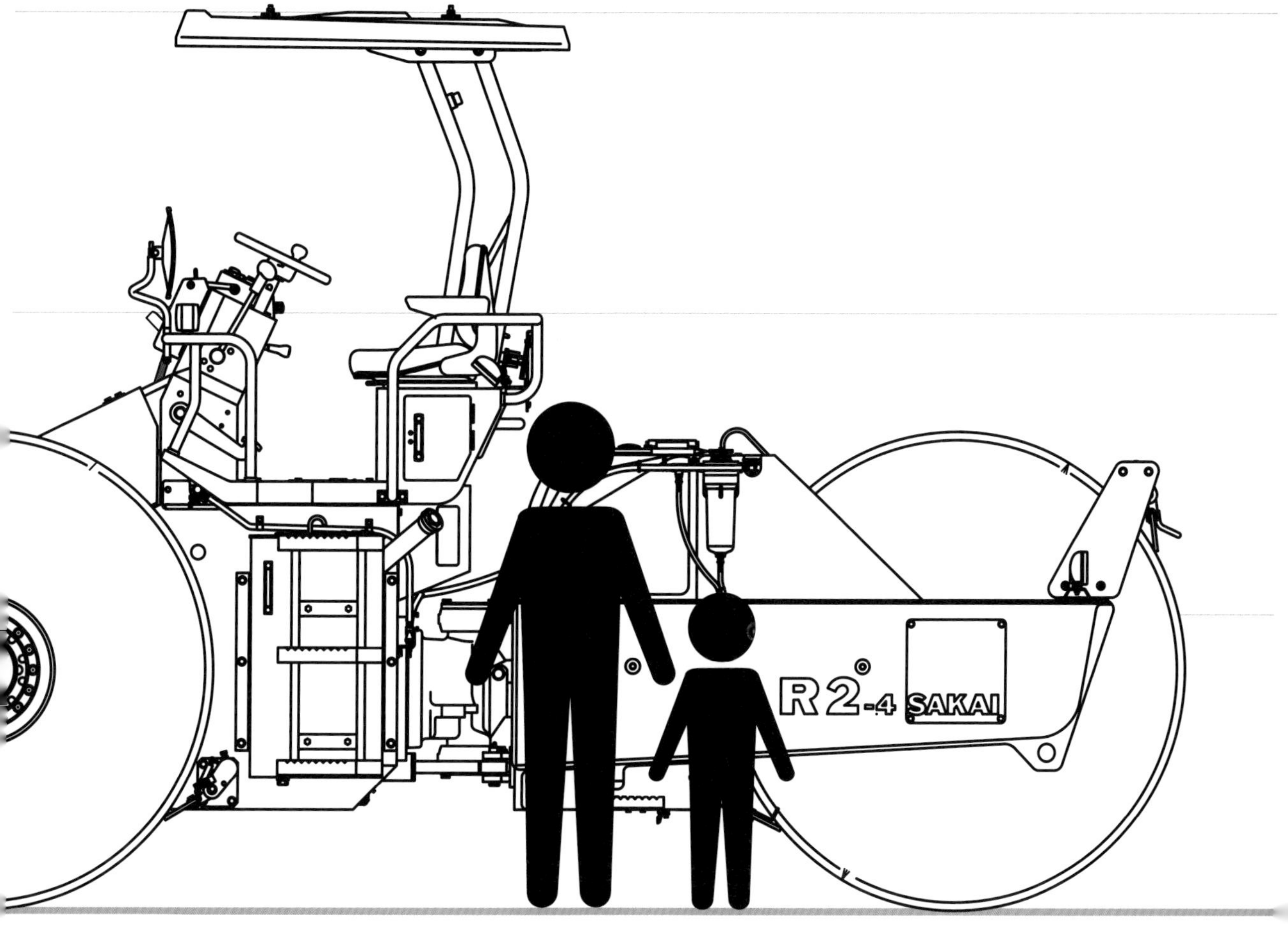

HITACHI
ZC125M-5

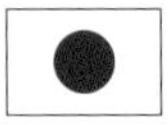

油圧駆動式のHSTによるスムーズな発進・停止が可能。また安全性・快適性の向上、環境への配慮などが求められており、ZC125M-5もヒューマンステップの採用や欧州視界基準クリアし、赤外線安全補助装置などの搭載に意欲的である。

項目	
全長	5,020mm
全高	3,140mm
全幅	2,100mm
運転質量	10,125kg
ドラム締固め幅	2,100mm
最小回転半径	6,200mm
最高速度	15km/h
エンジン出力	54.6kW
エンジン形式	ディーゼル
エンジンモデル	クボタ V3307-CR-TE4B

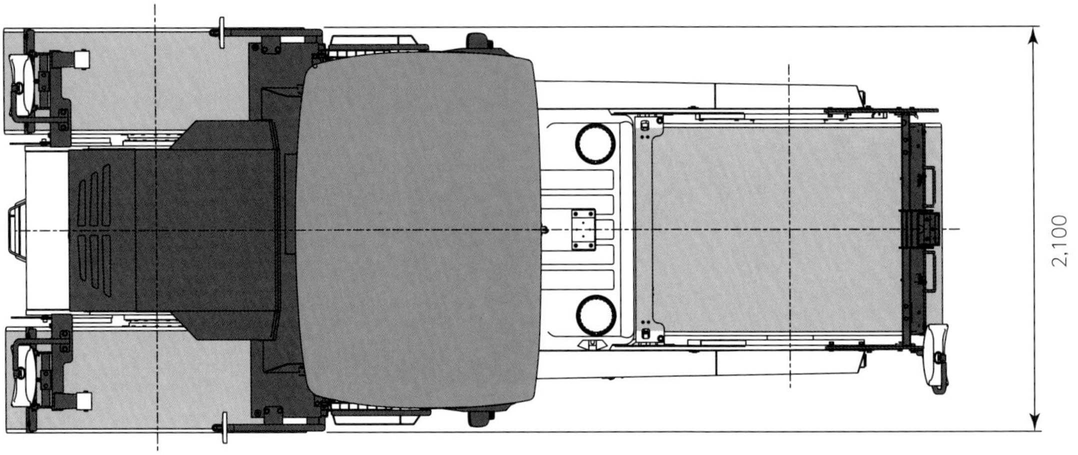

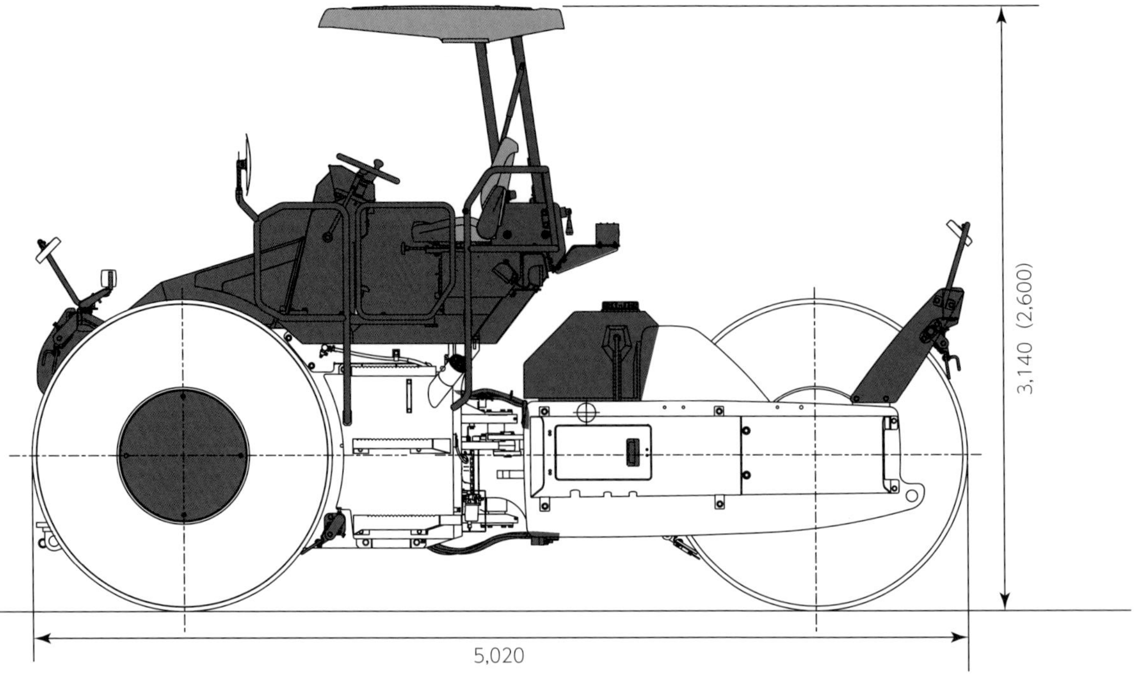

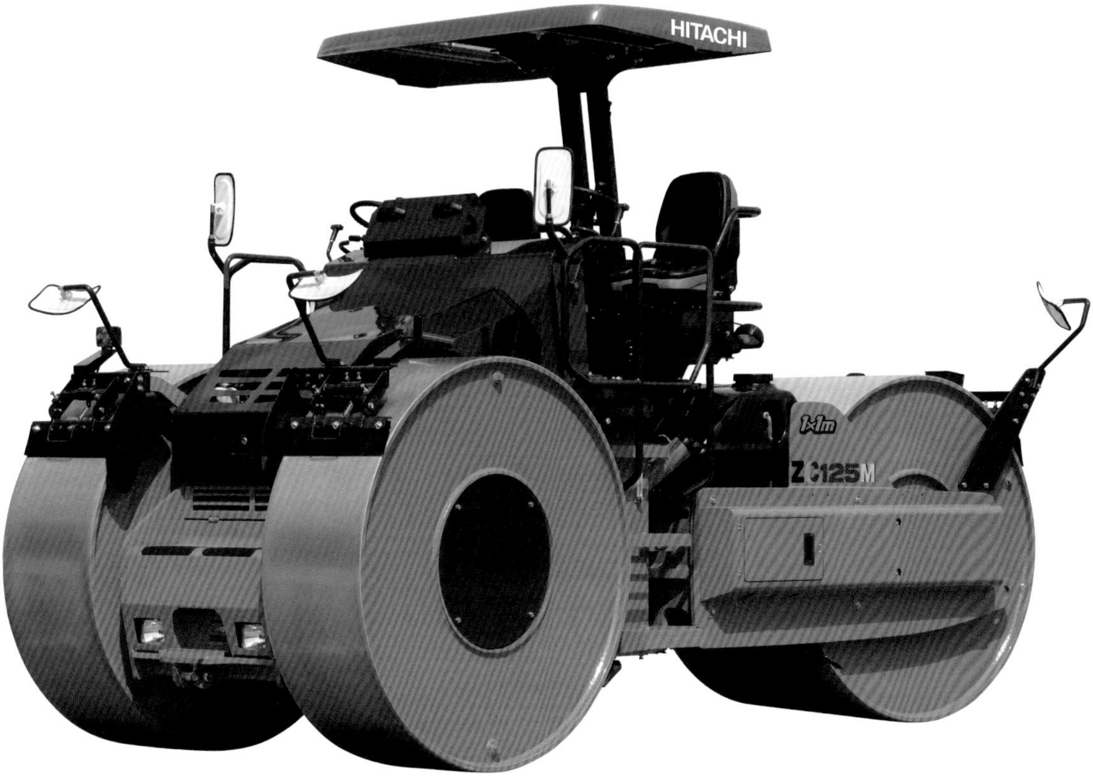
HITACHI

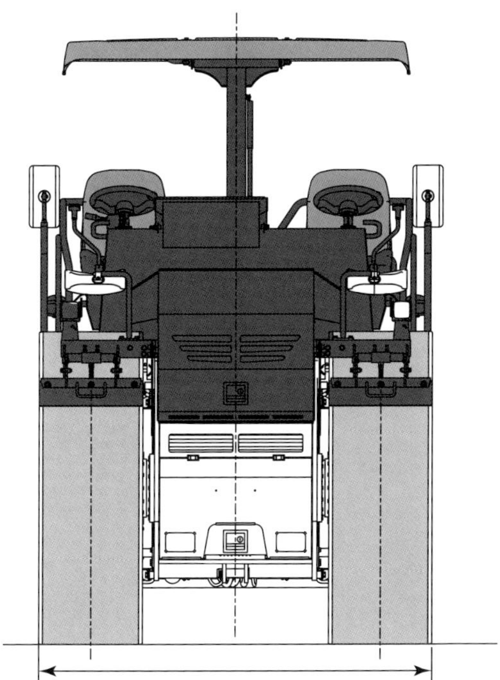
2,100

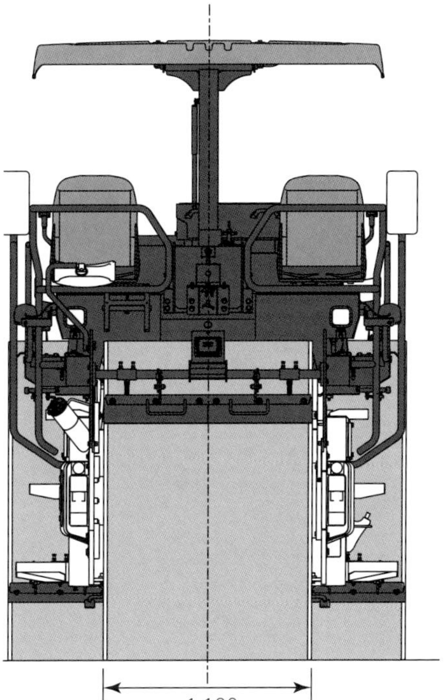
1,100

SAKAI
R2-4

安全面に重きを置くようになった現代の傾向に合わせてヒューマンステップ採用、欧州視界基準クリア後方ガードセンサを標準装備している。滑らかな発進・停止が可能であり、走行に連動した散水間欠タイマなどオペレータの補助機能も充実している。

項目	
全長	5,020mm
全高	3,060mm
全幅	2,100mm
運転質量	10,100kg
ドラム締固め幅	2,100mm
最小回転半径	6,300mm
最高速度	8km/h
エンジン出力	54.6kW
エンジン形式	ディーゼル
エンジンモデル	クボタ V3307-CR-TI-YDN

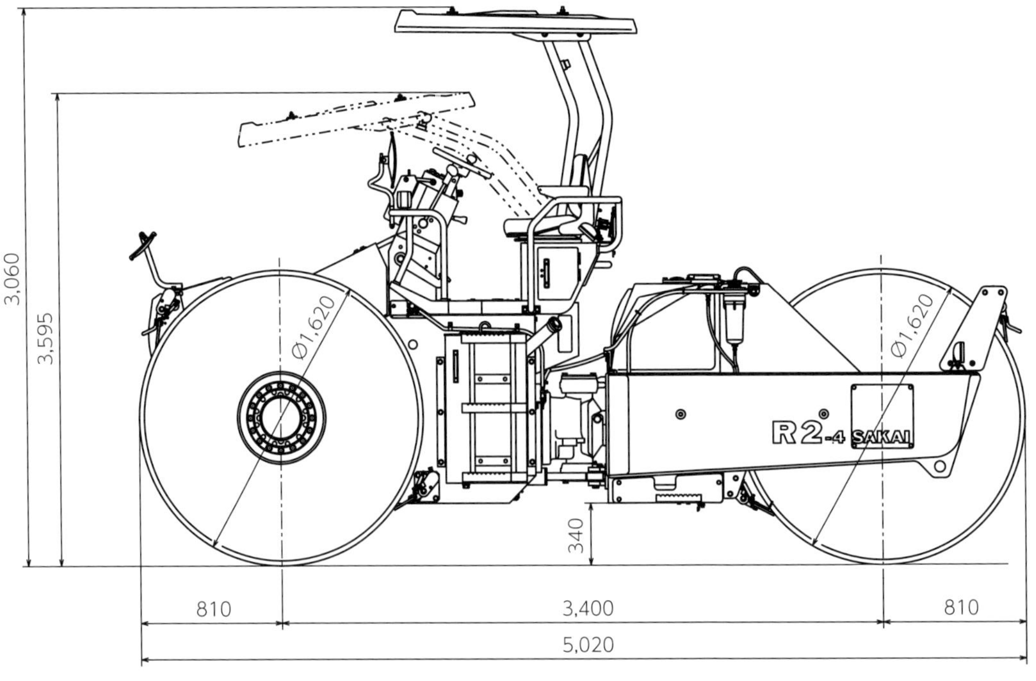

R2·4 SAKAI

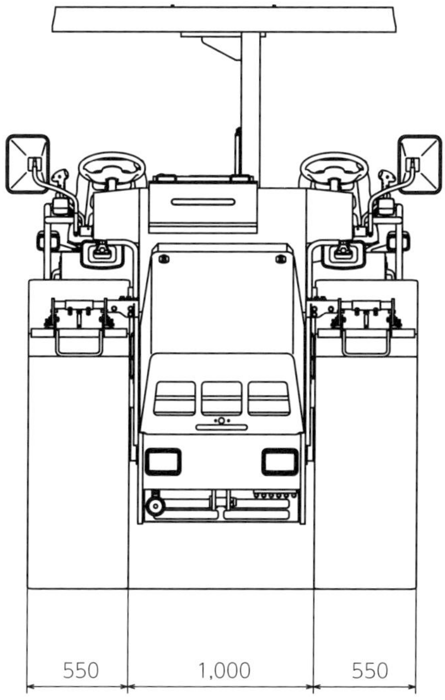
550
1,000
550

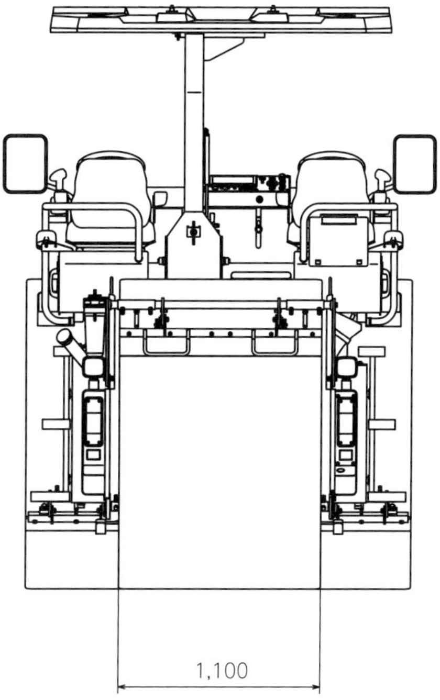
1,100

TIRE GRADER

4 m

タイヤローラ

3 m

HITACHI
ZC220P-6

オフロード法や国土交通省の環境基準値をクリアしながら、従来機と比べて約7.6%の燃費低減を実現。各種センサーやブレーキかけ忘れ防止装置なども採用することで安全性を向上。さらに、ITを利用した情報サービスも利用できるようになっている。

2 m

1 m

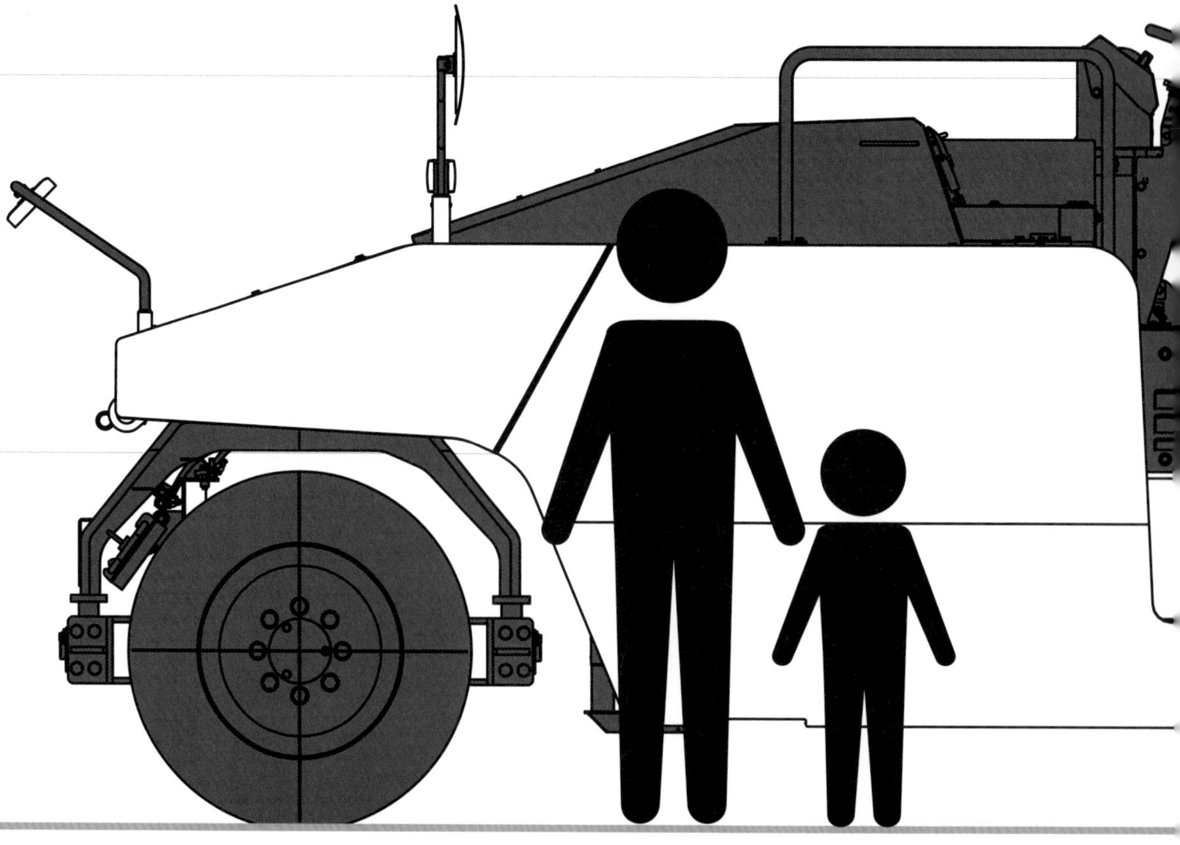

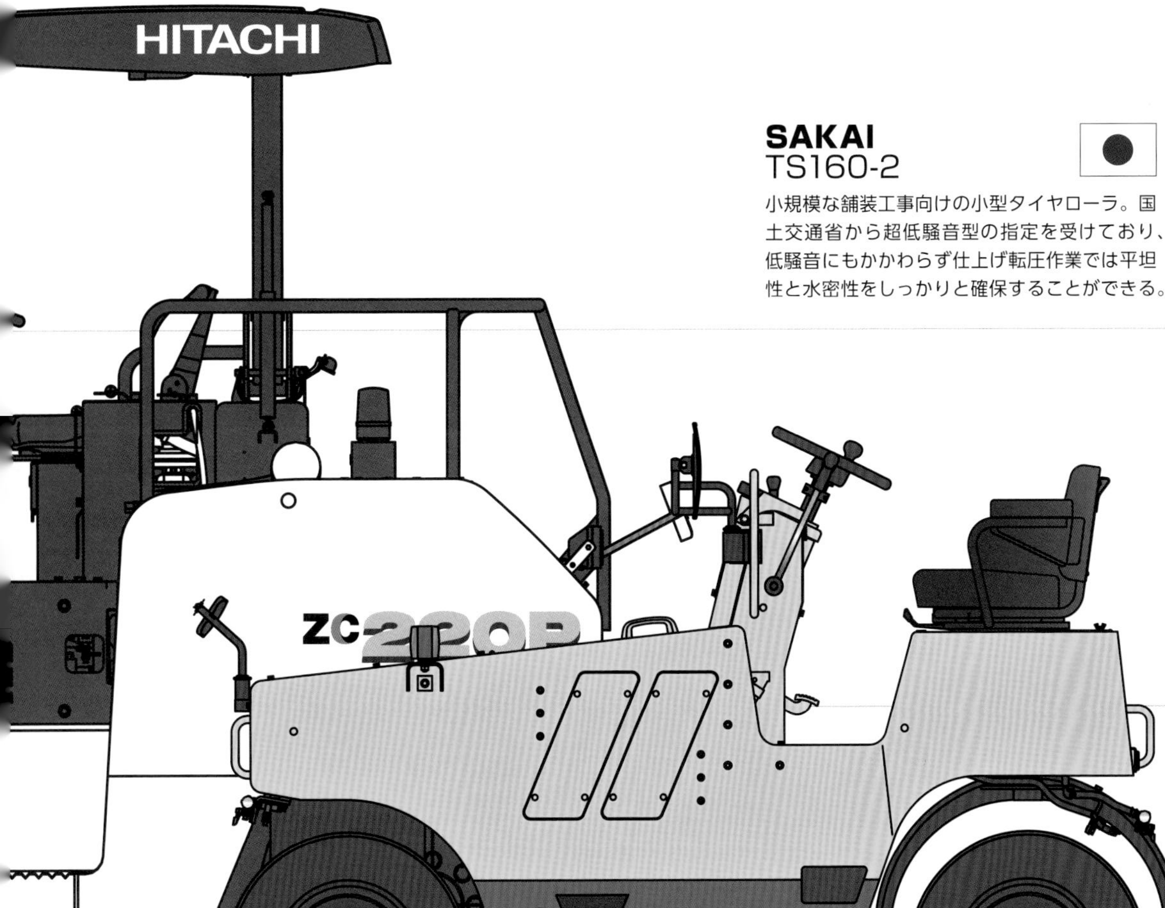

SAKAI
TS160-2

小規模な舗装工事向けの小型タイヤローラ。国土交通省から超低騒音型の指定を受けており、低騒音にもかかわらず仕上げ転圧作業では平坦性と水密性をしっかりと確保することができる。

HITACHI ZC220P-6

大型ながらHSTによる滑らかな発進・停止が可能。各種環境基準をクリアしつつ生産性や経済性を図り、衝突軽減アシスト装置や後方ガードセンサー時などの安全装置を搭載。ITによる管理サービスも受けられる。

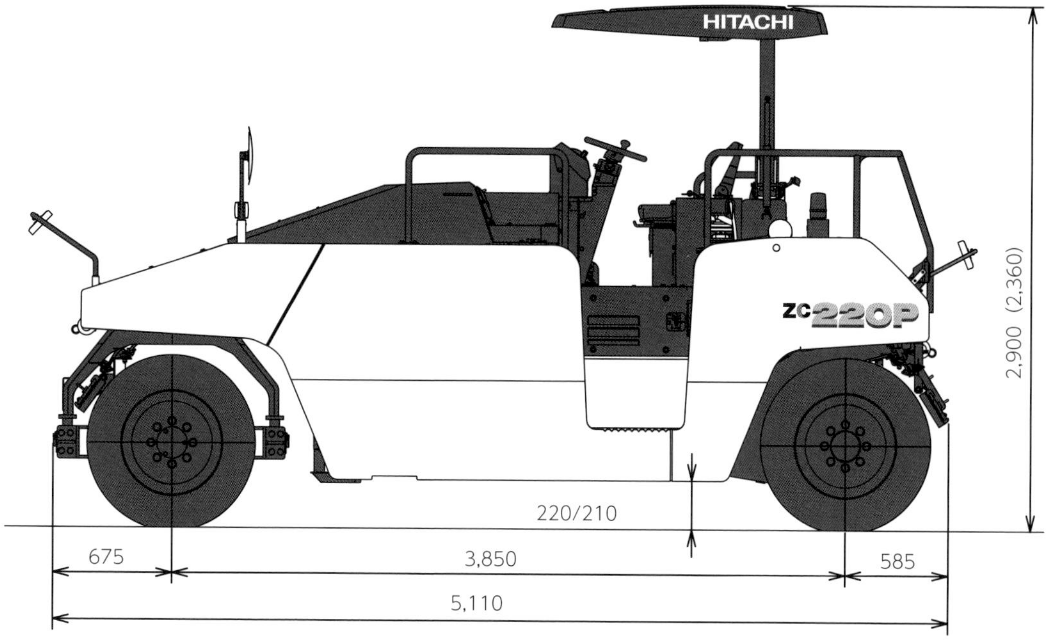

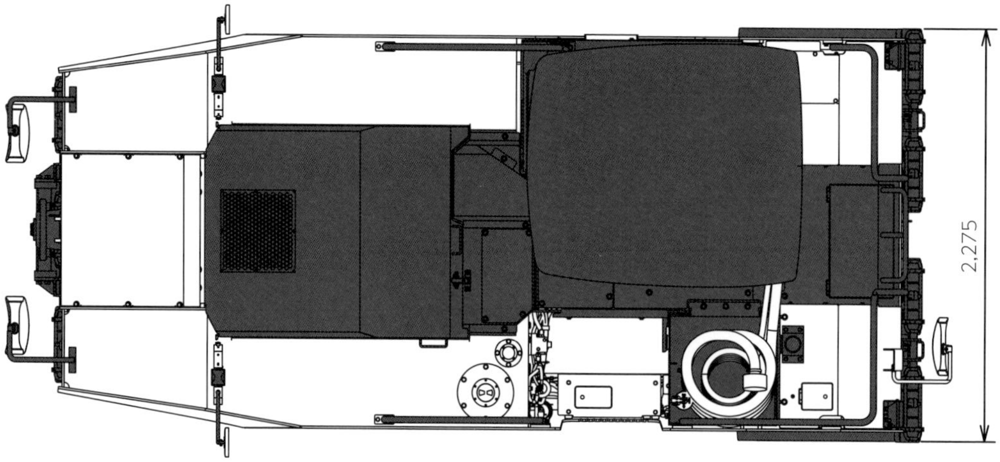

項目	
全長	5,110mm
全高	2,900mm
全幅	2,275mm
運転質量	12,855kg
ドラム締固め幅	2,275mm
最小回転半径	6,200mm

項目	
タイヤ本数（前×後）	3 × 4
最高速度	14km/h
エンジン出力	54.6kW
エンジン形式	ディーゼル
エンジンモデル	クボタ V3800-CR-TI-YDN

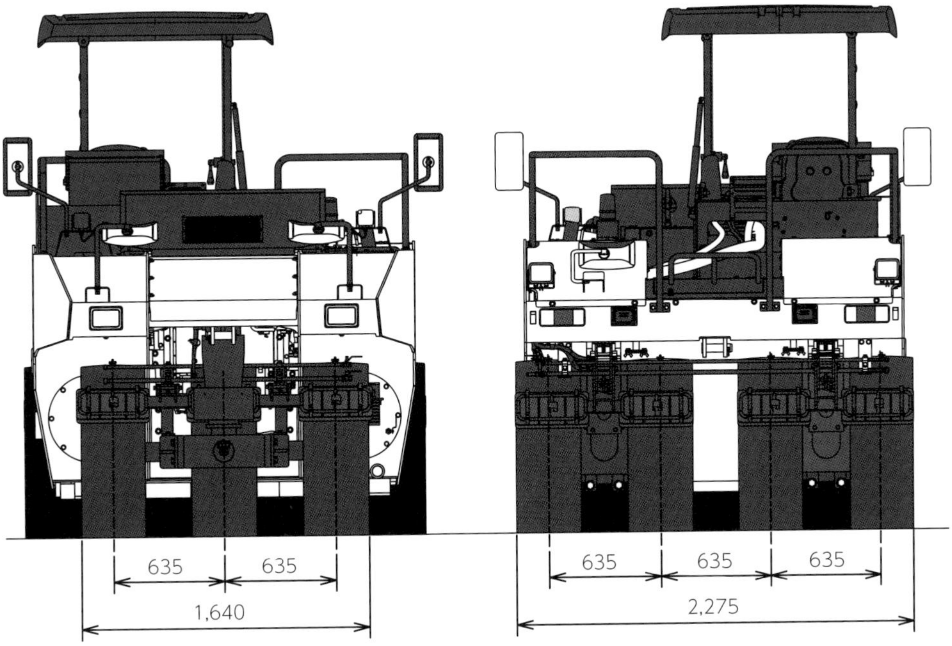

OTHER
MINI
MACHINE

CAT®
CW34

高い接触圧力によりアスファルトだけでなく、砂利などでも良好に締め固めることができる。高速道路、一般道のみならず、工業用地、空港の滑走路にも使用される。新しいECOモード機能は燃料を節約するだけでなく、騒音レベルも低減する。

項目	
全長	5,350mm
全高	3,000mm
全幅	2,160mm
運転質量	10,000kg
ドラム締固め幅	2,090mm
最小回転半径	6,100mm
タイヤ本数（前×後）	4×3
最高速度	19km/h
エンジン出力	98kW
エンジン形式	ディーゼル
エンジンモデル	Cat C4.4

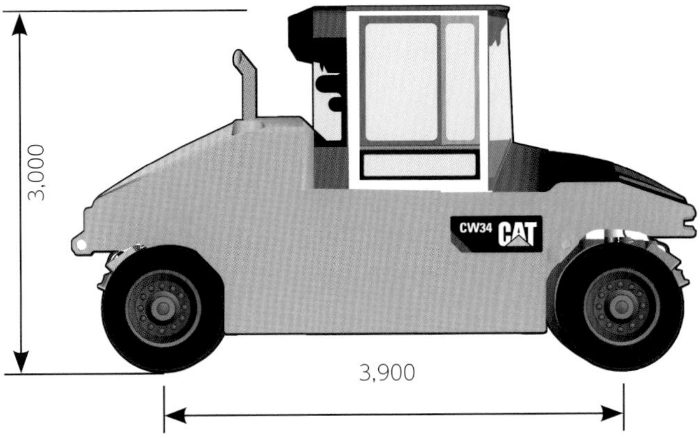

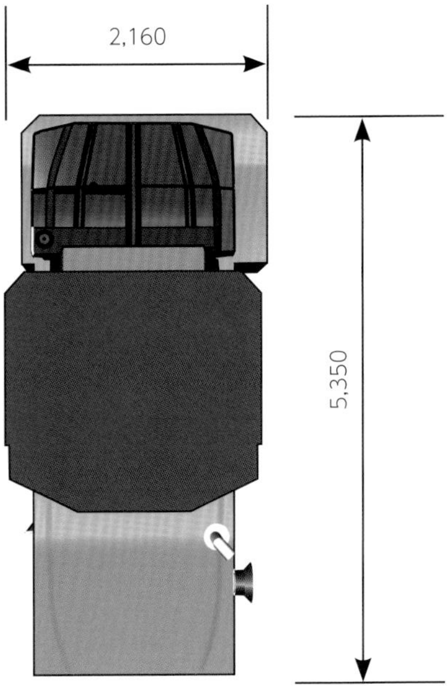

掲載されている図面はキャタピラー社からのデータをもとに、
描き起こしたものです

SAKAI
TS160-2

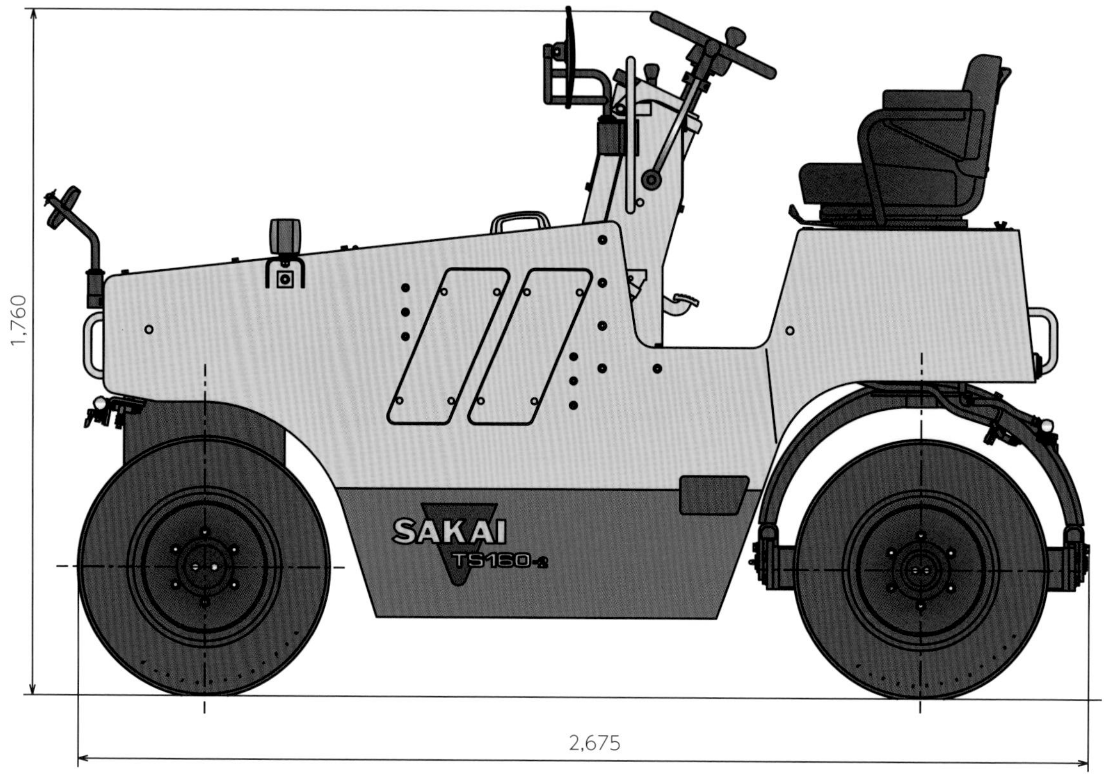

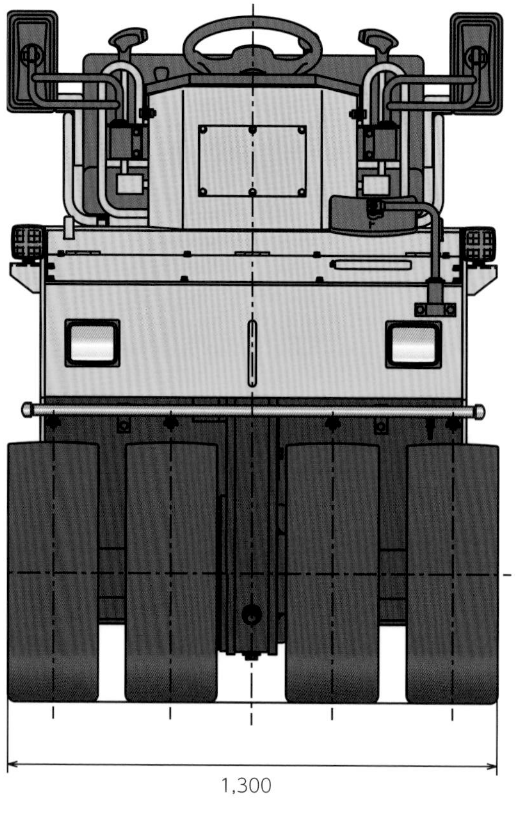

項目	
全長	2,675mm
全高	1,760mm
全幅	1,300mm
運転質量	2,900kg
ドラム締固め幅	1,300mm
最小回転半径	6,100mm
タイヤ本数（前×後）	4×3
最高速度	14km/h
エンジン出力	14.6kW
エンジン形式	ディーゼル
エンジンモデル	クボタ D1105-K34

小型機種だが安全性・環境性への配慮は大型にも引けをとらない。独自開発した安全ブレーキシステム、ニュートラルでないとエンジンがかからないインターロック、可動式ミラーステーを採用している。

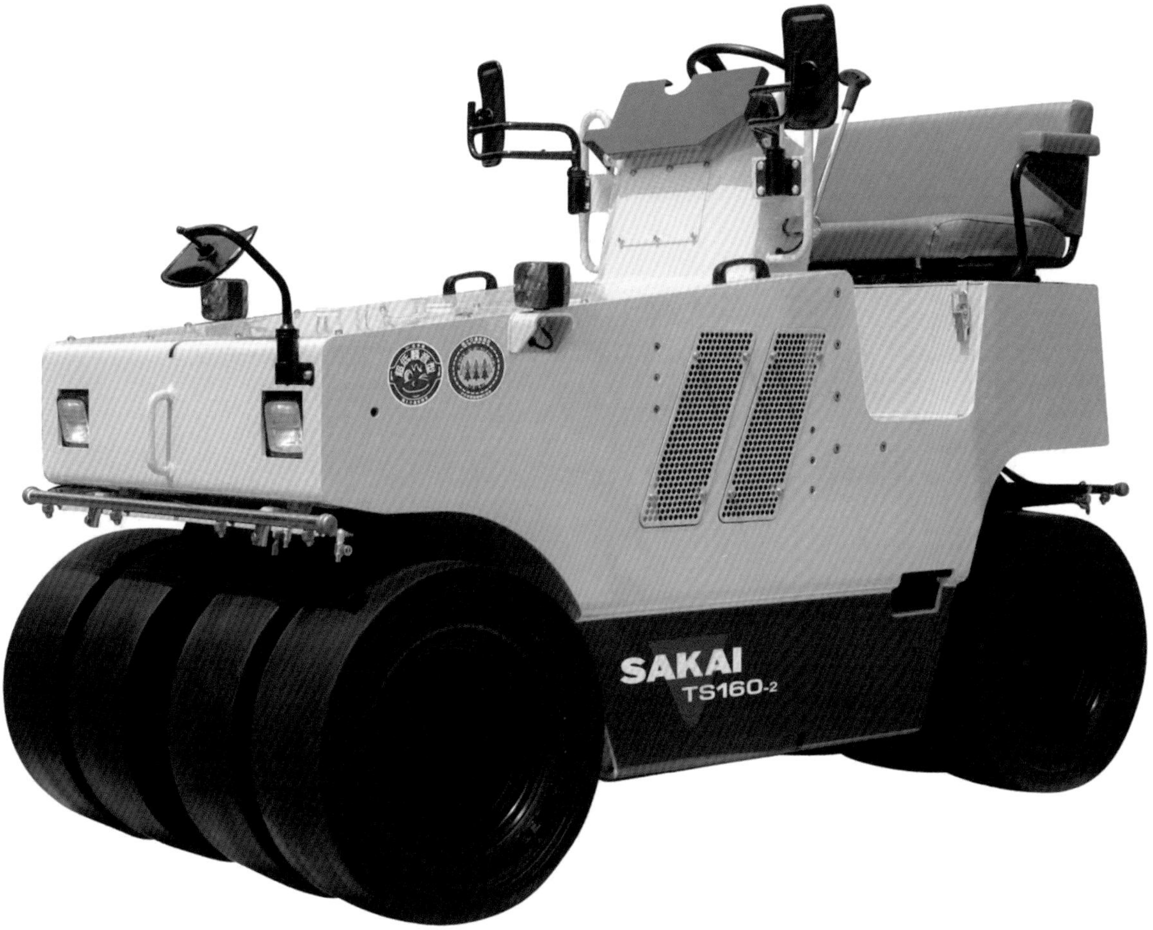

TANDEM ROLLER
タンデムローラ

CAT
CB16

高いマット密度、優れた視認性と快適性、エコモードでの燃料効率を備えている。温度マッピングをはじめとした情報技術、さらには「マシンからマシン」への通信を提供するシステムを搭載することが可能である。

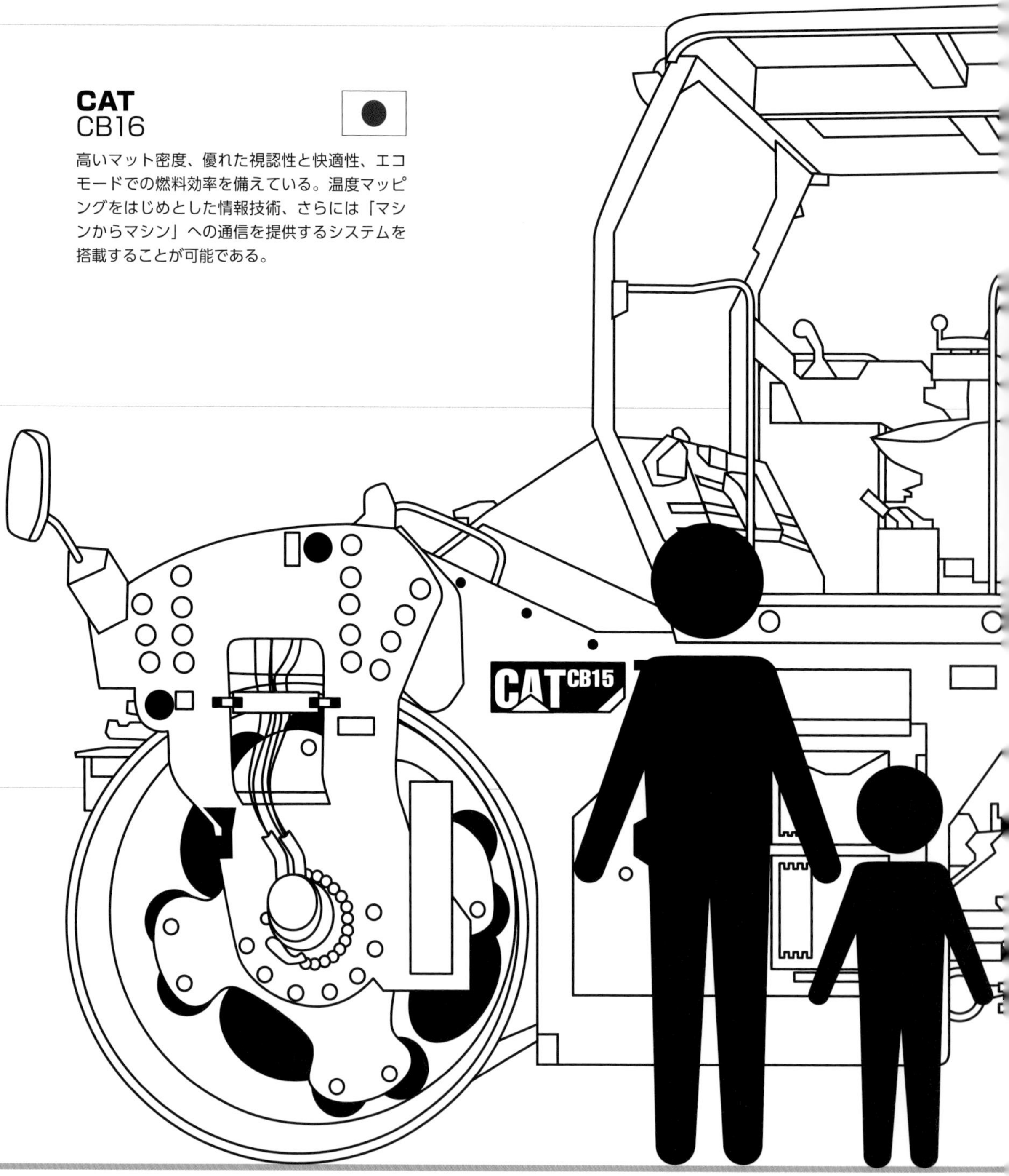

VOLVO
DD25B

小規模な締め固め作業において、高い経済性と低燃費を実現するように設計されたタンデムロードローラ。新型Volvo D1.7Aエンジンを搭載しているため、厳しい排出ガス規制もクリアしている。

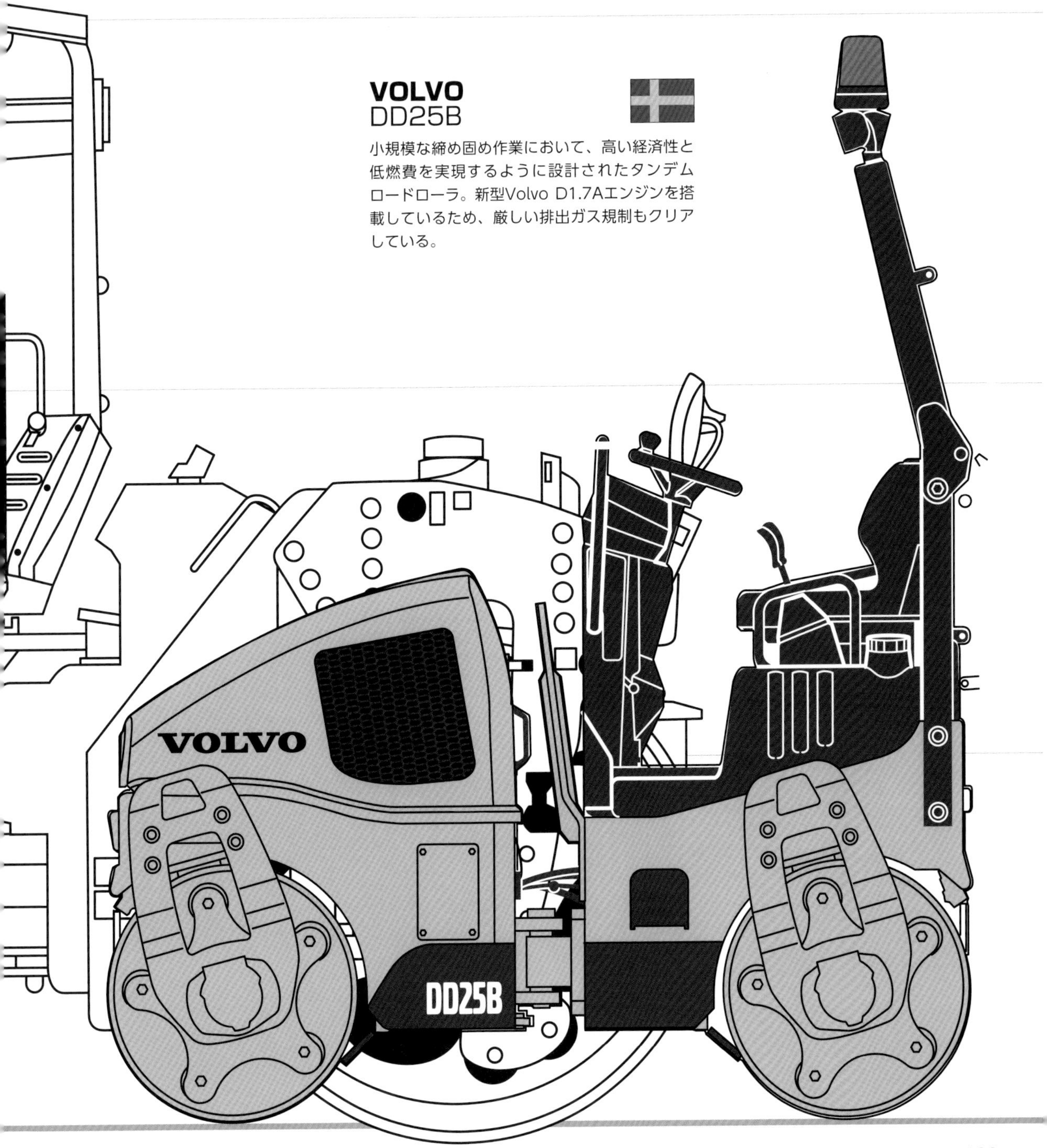

CAT
CB16

142馬力の出力を持ちながら各種排ガス規制をクリアするエンジンを持ち、さまざまな振動システムが装備されている。搭載された情報技術を利用して精度の高い締め固めを行える。
マシン間通信はさまざまなデータを複数のマシンの間で共有することができる。

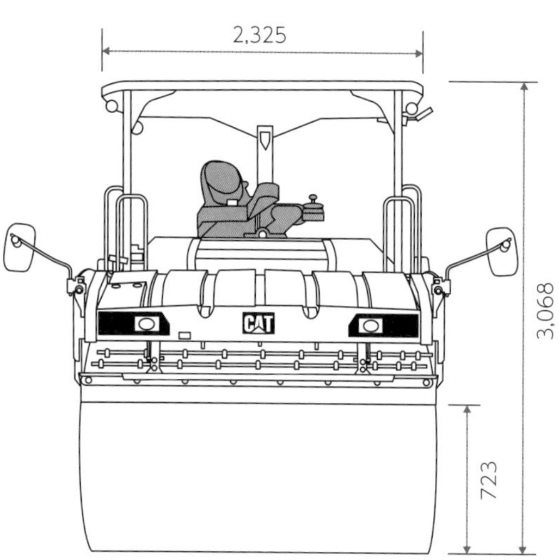

項目	
全長	4,740mm
全高	3,068mm
全幅	2,325mm
運転質量	15,538kg
ドラム締固め幅	2,300mm
エンジン出力	106kW
振動数	66.3Hz
最高速度	13km/h
エンジン形式	ディーゼル
エンジンモデル	Cat C4.4

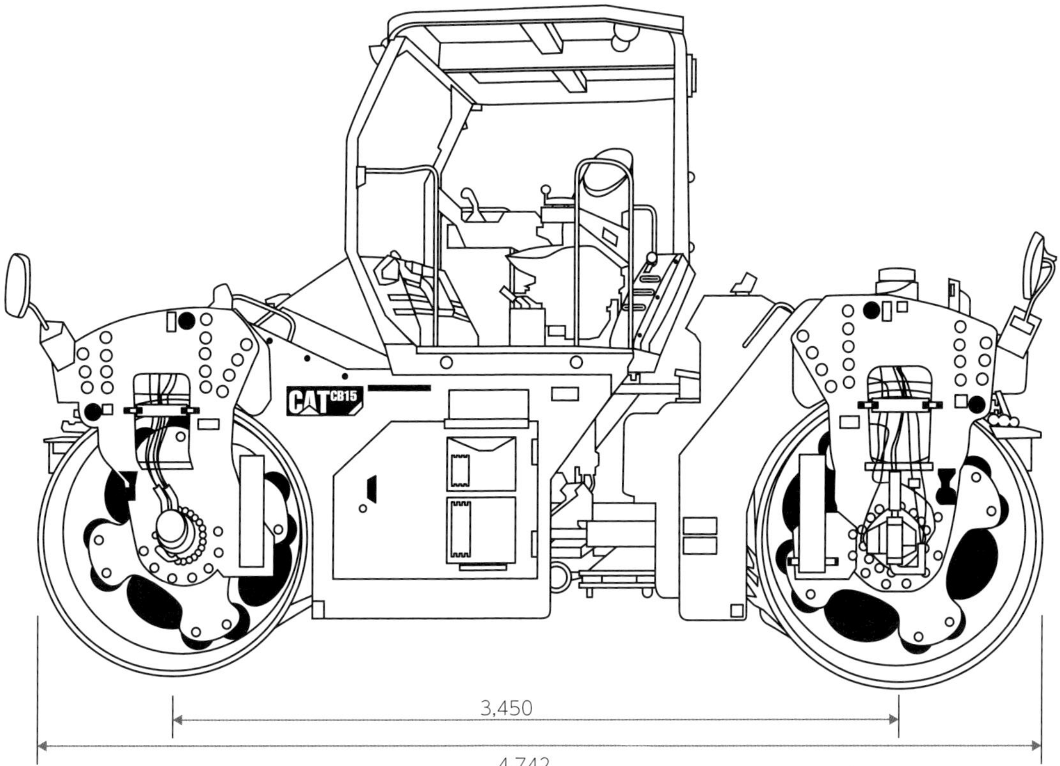

掲載されている図面はキャタピラー社からのデータをもとに、
描き起こしたものです

Volvo
DD25B

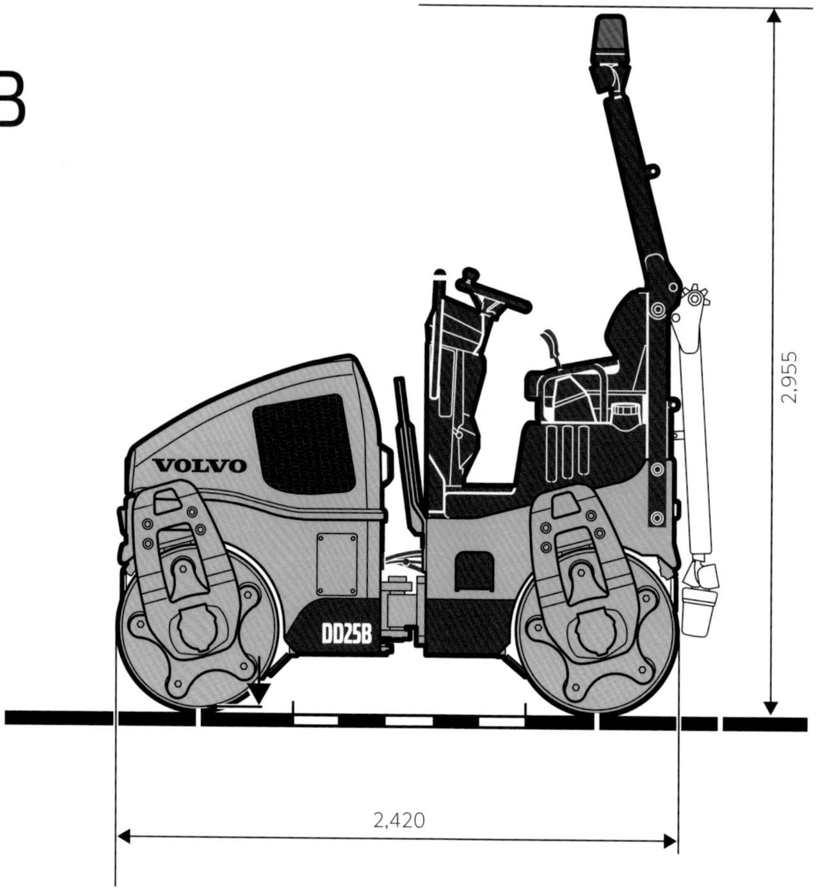

項目	
全長	2,540mm
全高	2,955mm
全幅	1,090mm
運転質量	2,515kg
ドラム締固め幅	1,000mm
エンジン出力	18.2kW
振動数	55/67Hz
最高速度	10.3km/h
エンジン形式	ディーゼル
エンジンモデル	Volvo D1.7A

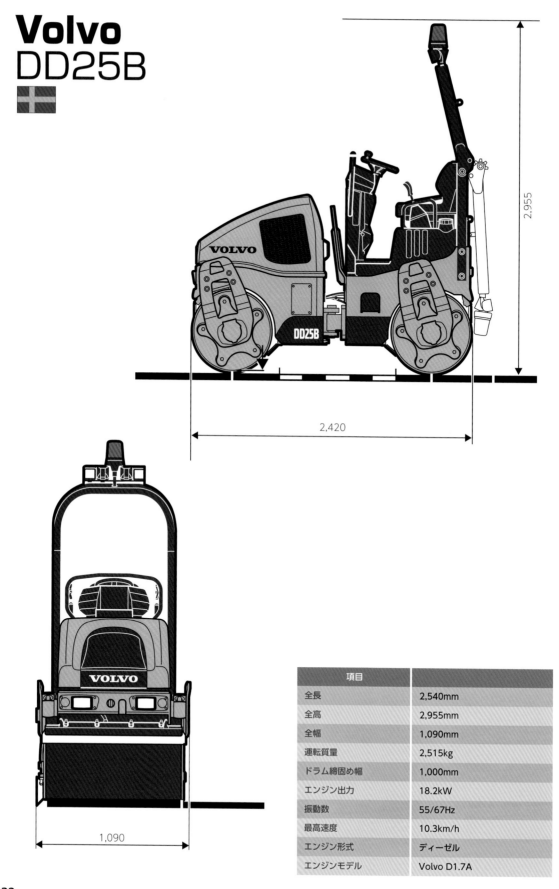

高性能の新型エンジンは環境基準をクリアするだけでなく、高効率の燃料消費を実現する。また、高周波振動と加圧散水システムによって、高い生産性と滑らかな施工面を実現することができる。締固めの品質を維持したまま高速移動することが可能である。

COMBINED ROLLER

4 m

コンバインドローラ

3 m

HITACHI
ZC35C-5

従来から定評ある安全性能に加え、作業性・整備性を向上させた小型機。国土交通省の建設機械向け排ガス規制や超低騒音型建設機械の基準値をクリアしている。道路工事をはじめとしたさまざまな現場で活躍することができる。

2 m

1 m

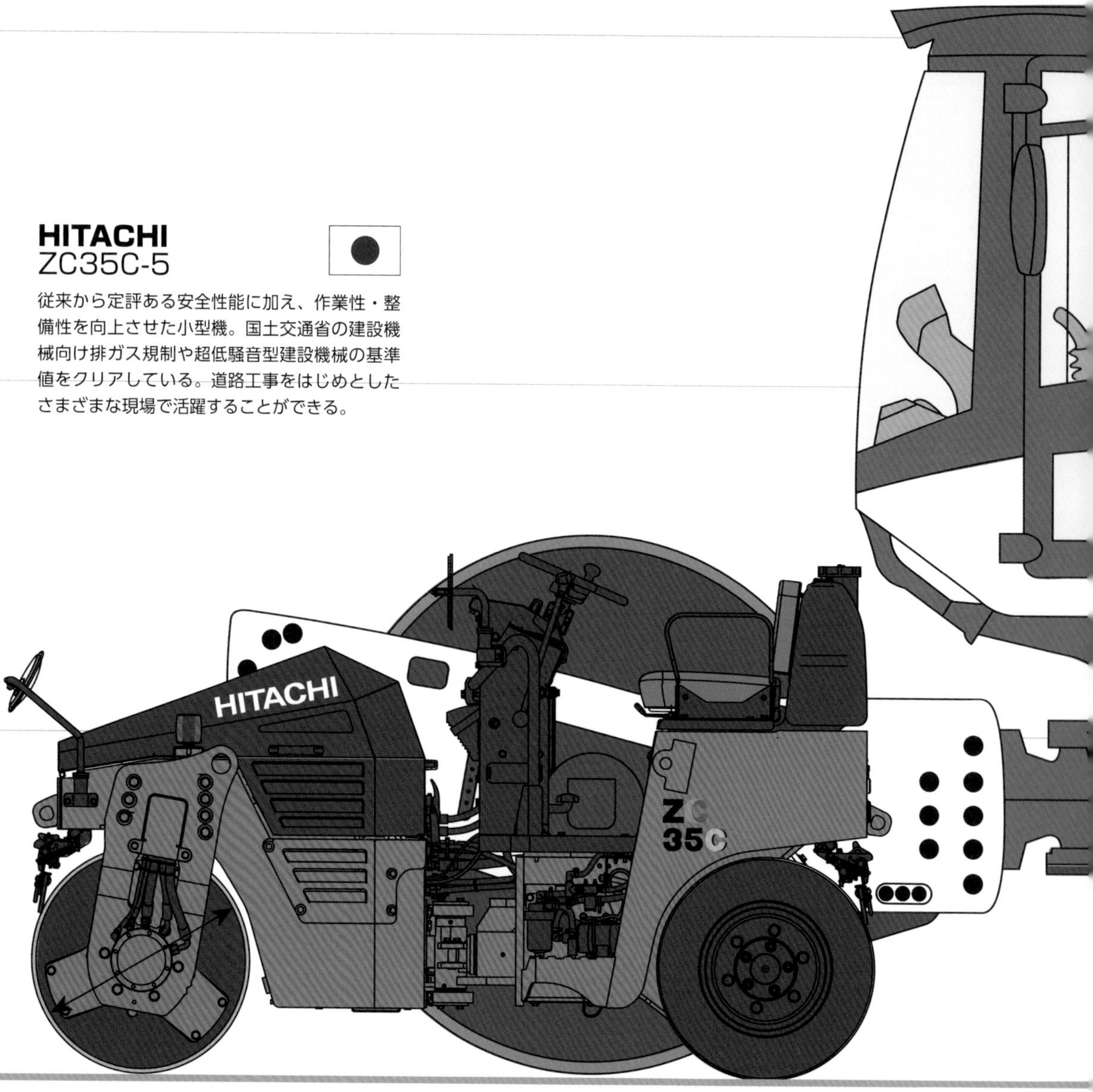

BOMAG
BW226

厚い盛土層での重い締固め作業に使用されるヘビー級のコンバインドローラ。堅牢な基礎固めを必要とする、道路建設、空港、ダム建設といった大規模プロジェクト、または土地を埋め立てるための作業など向けに開発されたマシンである。

BOMAG
BW226

スマートエンジンテクノロジーによって燃料消費を最大30％削減することに成功。自動振幅調整機能をはじめとしたさまざまなアプリケーションによって、より均一な作業品質を実現している。簡単な操作で最適な結果を得られる。

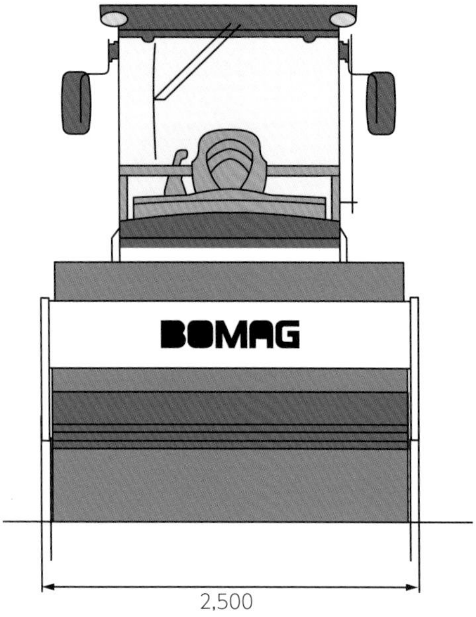

項目	
全長	6,740mm
全高	3,080mm
全幅	2,500mm
運転質量	26,710mm
ドラム締固め幅	2,130mm
エンジン出力	150kW
振動数	26Hz
最小回転半径	4,260mm
最高速度	10km/h
エンジン形式	ディーゼル
エンジンモデル	Delutz TDC 6.1 L6

BOMAG

BOMAG
FAYAT GROUP

HITACHI
ZC35C-5

安全性や整備性に配慮しつつも、より高い作業品質を追求したシリーズ最新機種。効果的な締め固めと緻密な表層仕上げを実現しながらも、稼動時の騒音を大幅に低減している。整備性も高く、オペレーターへの負担も少なくなっている。

項目	
全長	2,630mm
全高	1,530mm
全幅	1,290mm
運転質量	2,795kg
ドラム締固め幅	1,000mm
エンジン出力	18.5kW
振動数	55Hz
最小回転半径	3,700mm
最高速度	12km/h
エンジン形式	ディーゼル
エンジンモデル	クボタ D1703-DI

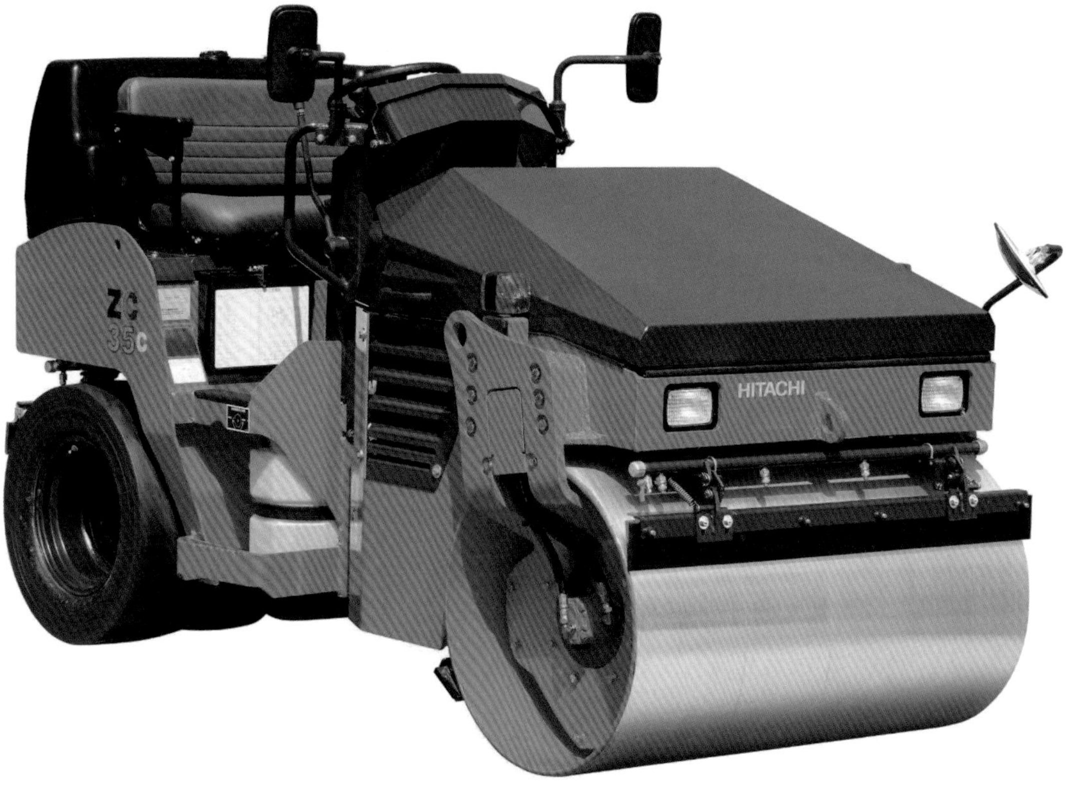

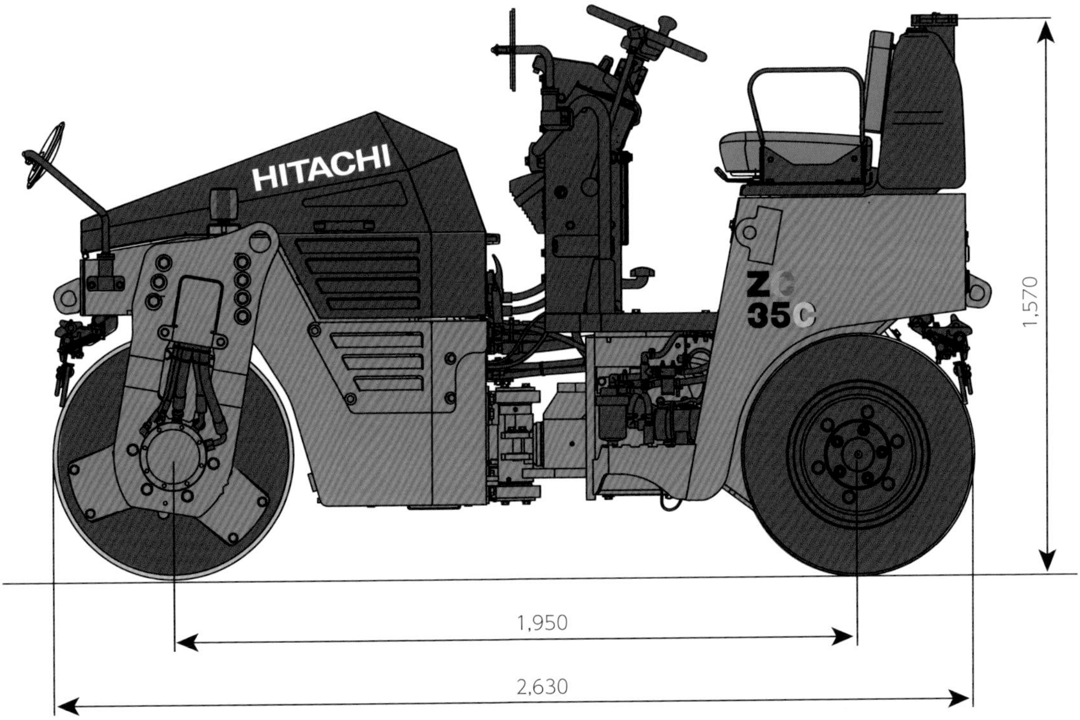
HITACHI
1,570
1,950
2,630

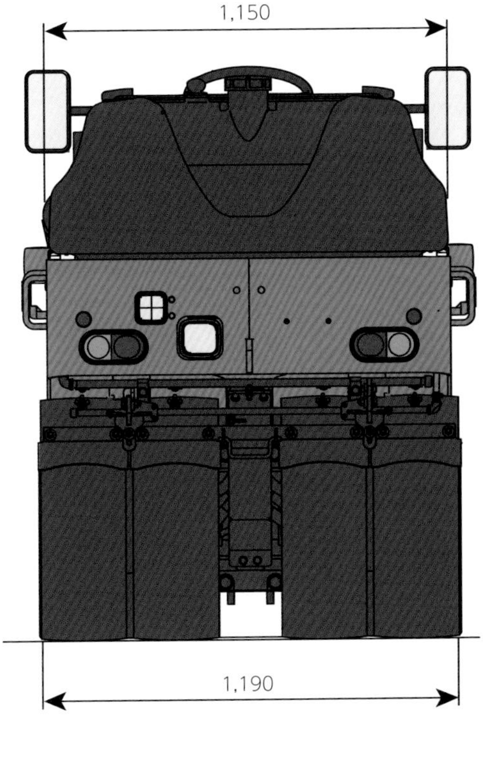
1,150
1,190

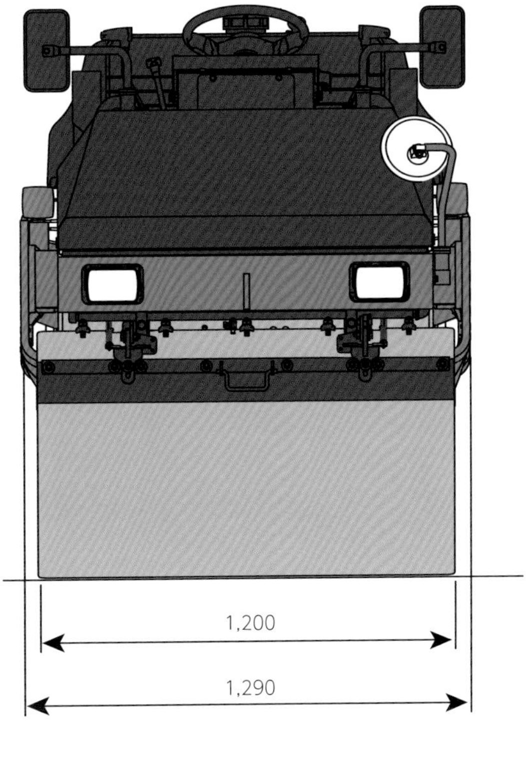
1,200
1,290

締める

Compactor

地面を締め固め、均し舗装する機械

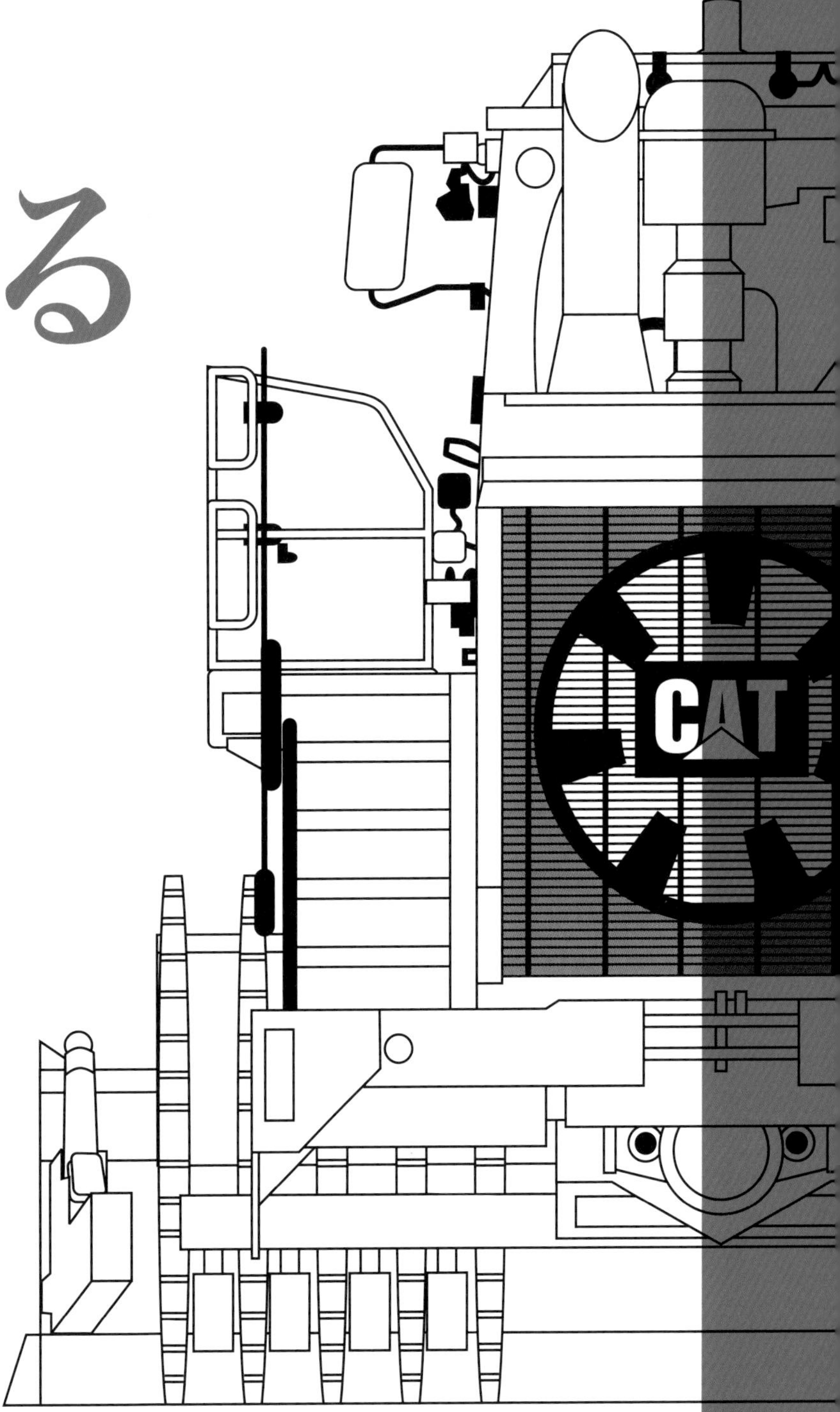

SOIL COMPACTOR

ソイルコンパクタ

CAT®
815F

過酷な環境に耐えながらも作業を進めることができる高い堅牢性をもち、最適なパフォーマンスと保守性を実現するように設計および製造されている。新しいエンジンと排気システム、パワートレイン、油圧システム、冷却システムが最適化されており、その結果、燃料消費が削減され、排出ガス制御が改善されている。

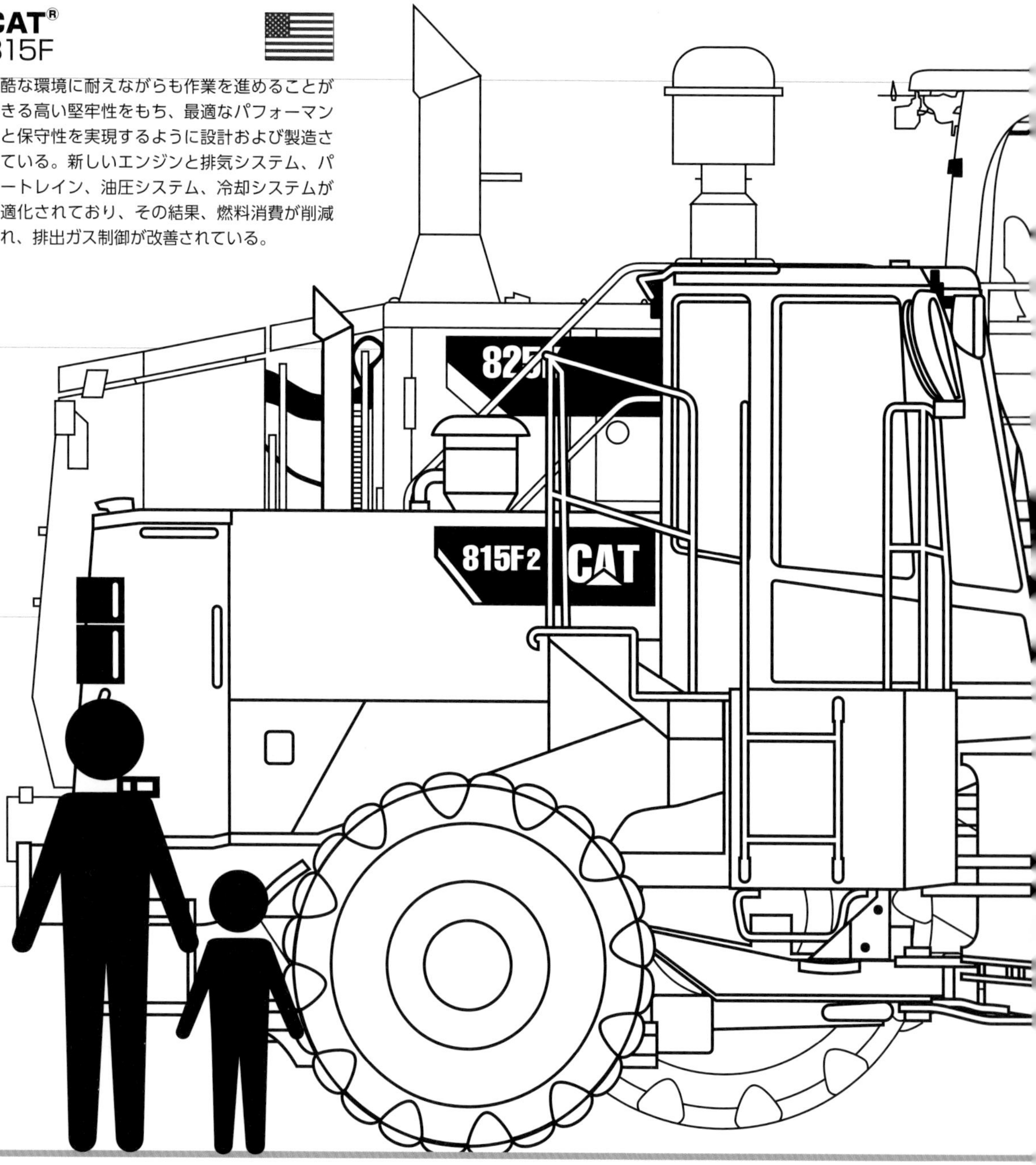

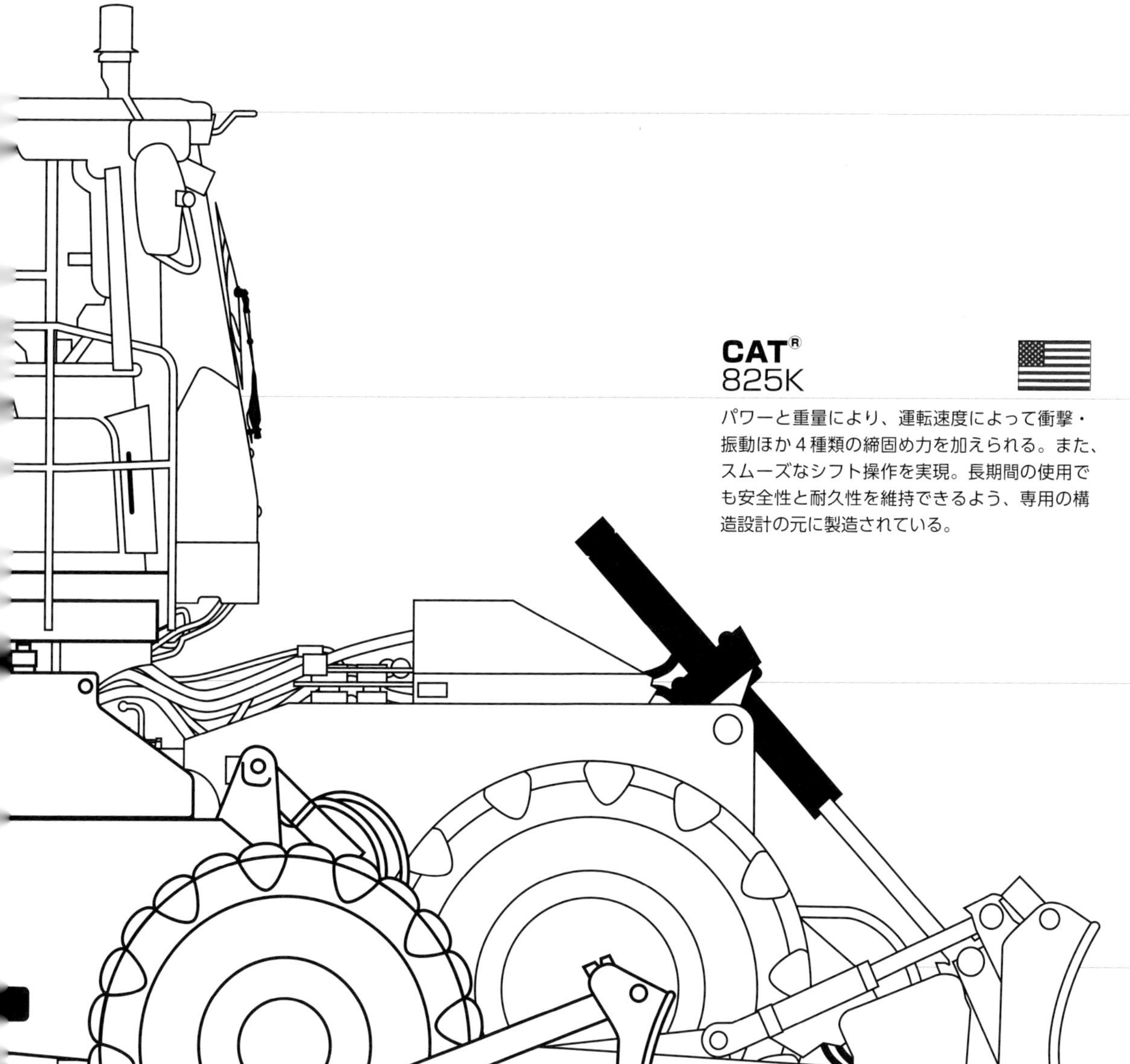

CAT®
825K

パワーと重量により、運転速度によって衝撃・振動ほか4種類の締固め力を加えられる。また、スムーズなシフト操作を実現。長期間の使用でも安全性と耐久性を維持できるよう、専用の構造設計の元に製造されている。

CAT®
825

項目	
全長	8,561mm
全高	4,381mm
全幅	3,650mm
ブレード最大上昇量	958mm
ブレード最大下降量	602mm
最小回転半径	2,627mm
最高速度	19.7km/h
エンジン形式	ディーゼル
エンジンモデル	Cat C15

キャタピラー社独自のシステムが搭載され、最小限の作業で必要な締め固め作業をこなすことが可能になっている。これはオペレーティング・コストの低減にもつながり、総合的なプロジェクト管理を実現することが可能である。

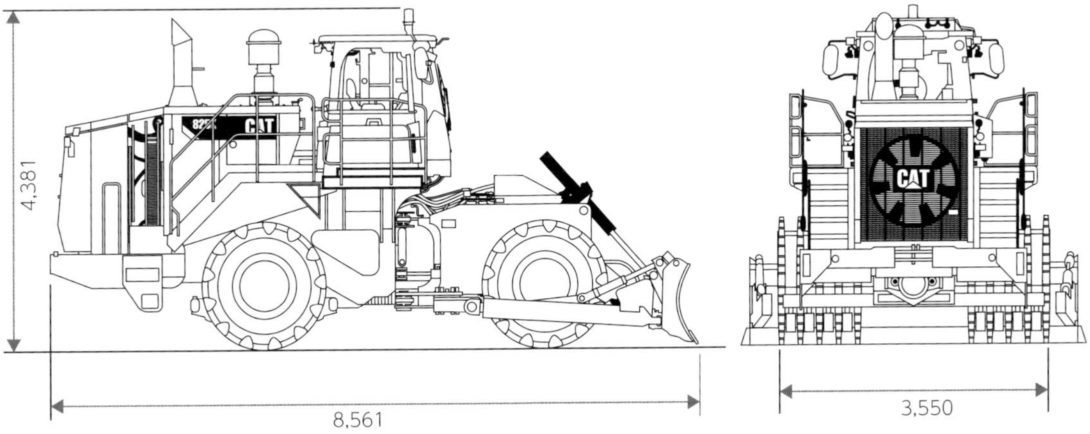

CAT®
815

高出力でありながら低い環境負荷を実現したエンジンを搭載。優れた燃費と耐久性を提供し、運用コストを大幅に削減できる。また、機械の状態を常にチェックする警告・診断システムが実装されており、操作中に登録された最大のパフォーマンスを再現する。

項目	
全長	6,845mm
全高	3,350mm
全幅	3,765mm
ブレード最大上昇量	814mm
ブレード最大下降量	215mm
最小回転半径	2,967mm
最高速度	19.5km/h
エンジン形式	ディーゼル
エンジンモデル	Cat C9

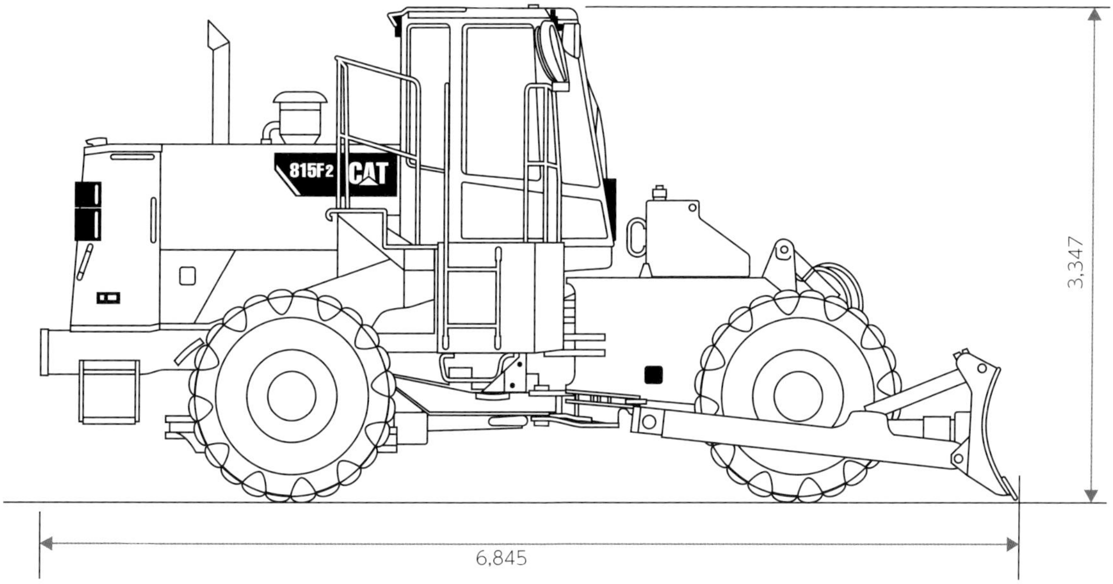
815F2
CAT
3,347
6,845

CATERPILLAR

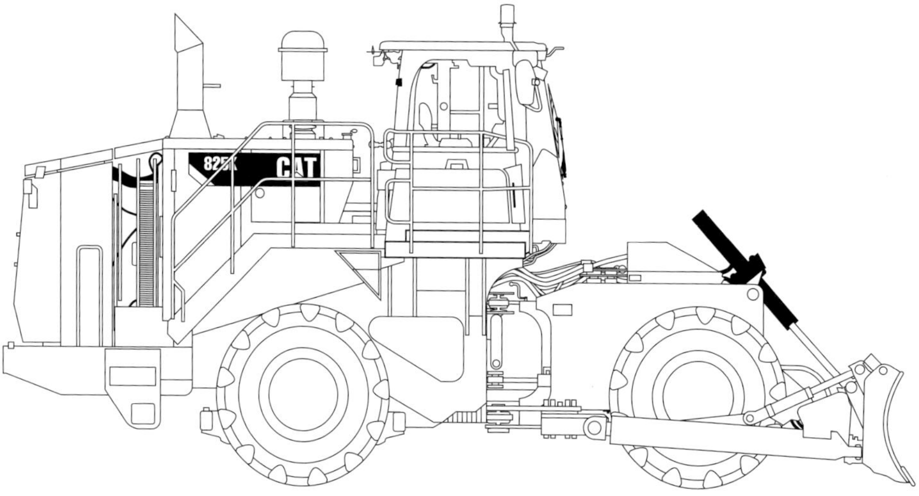
CAT

攪する

Mix

コンクリートを攪拌し、運ぶ車両

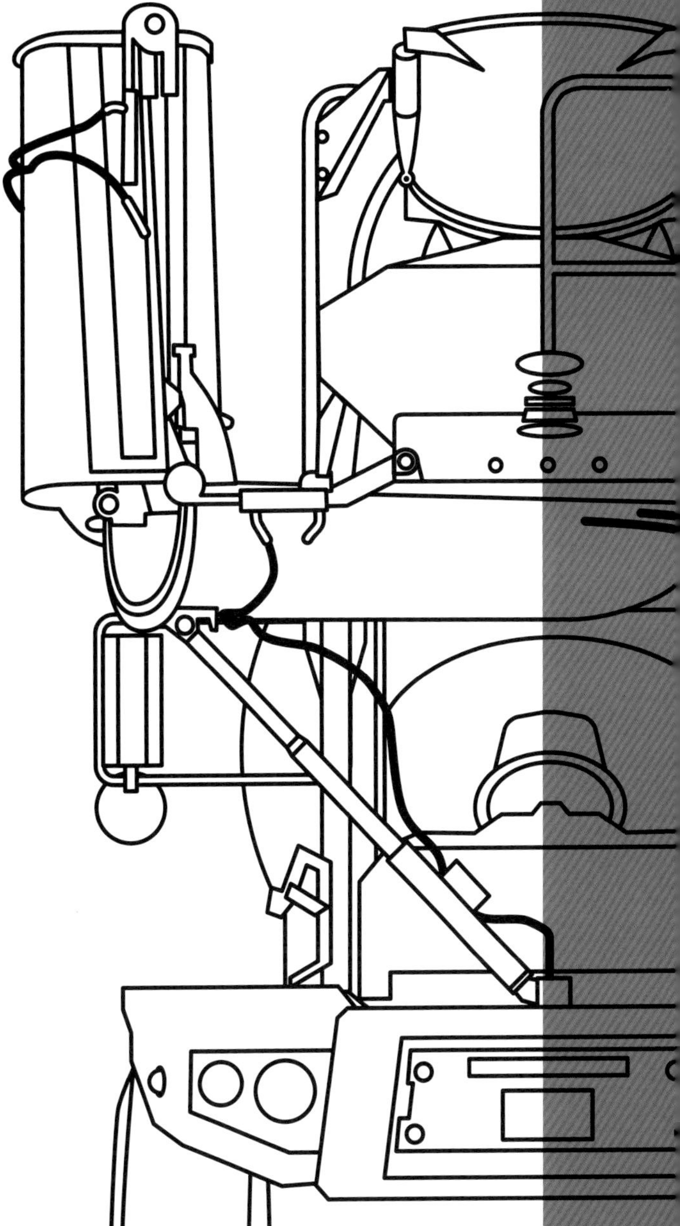

TRUCK-MIXER
ミキサ

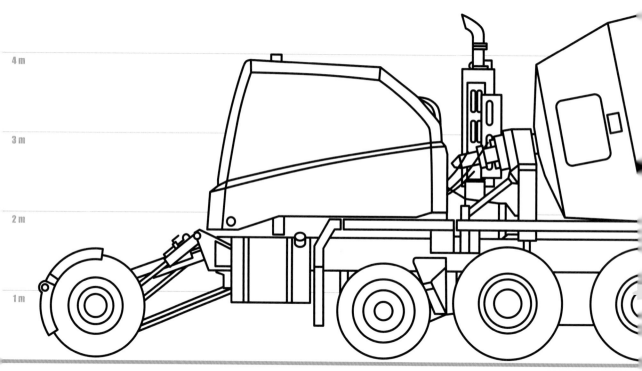

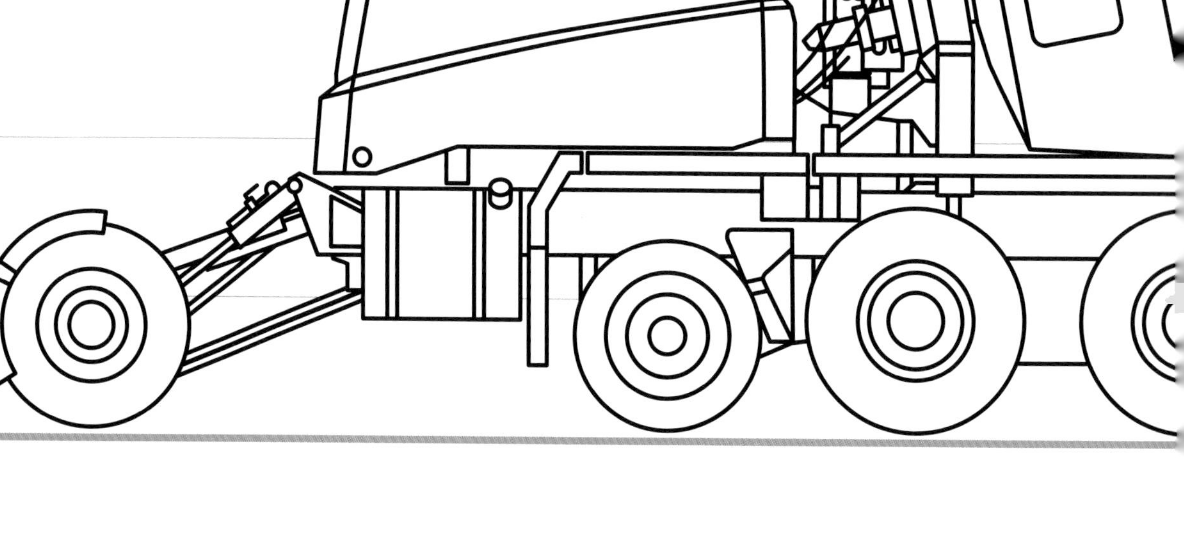

2 m

1 m

CARMIX
3500 TC

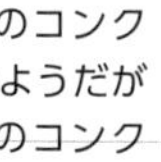

小型の建機を専門にするCARMIX社のコンクリートミキサー車。デザインは玩具のようだが侮れない実力派。電子スケール付きのコンクリートドラムを備え、オフロードでも走破可能なモバイルプラントである。

TEREX
FDB7000

コンクリートの投入排出口が車体の前方にセットされている、一風変わった設計のミキサ。一見すると前後が逆のように見えてしまう。風変わりな姿とは裏腹に最大ペイロードと確実な信頼性を実現するように設計されている。

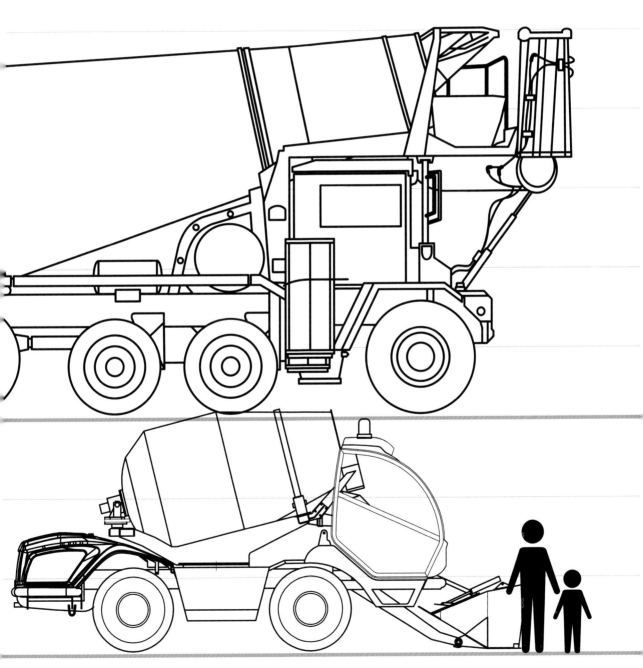

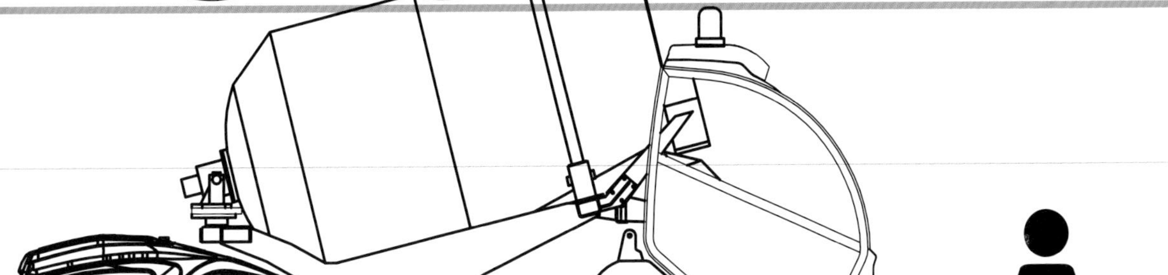

TEREX
FDB7000

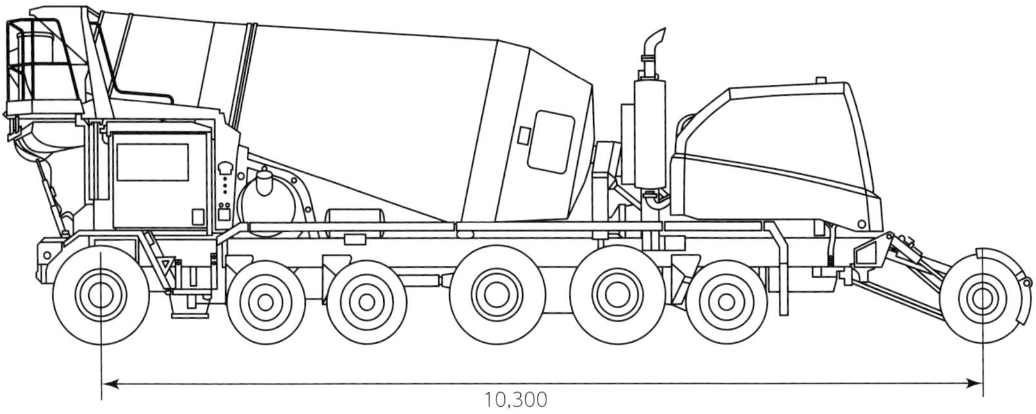

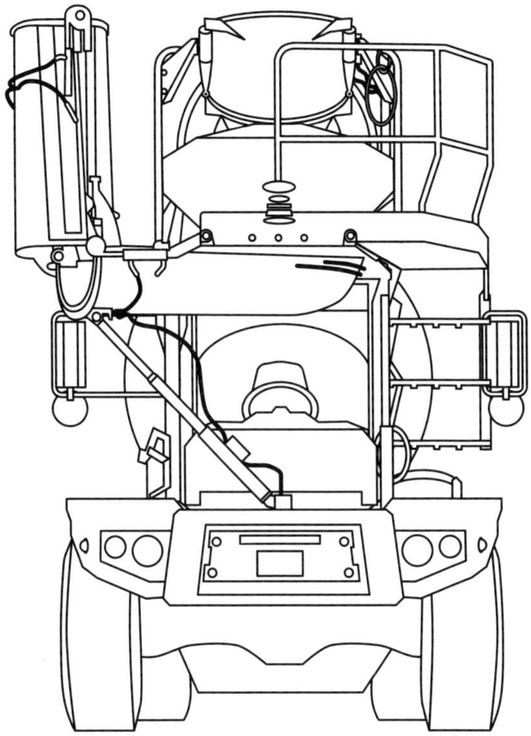

７軸を持つ世界最大級のミキサー車。その巨体を動かすために、350～450馬力の出力を持つ、建設機械定番のカミンズ社製ディーゼルエンジンを搭載している。また、オプションで利用可能な2つのフロントアクスルを利用すると回転半径を最大25%削減することが可能。

項目	
ホイールベース	5,105mm
車軸数	７軸
ミキサー容量	8.41kL
エンジン形式	LNG
エンジンモデル	Series 60-490
定格出力	490hp
変速機	RDS4560 GEN 4

CARMIX
3500 TC

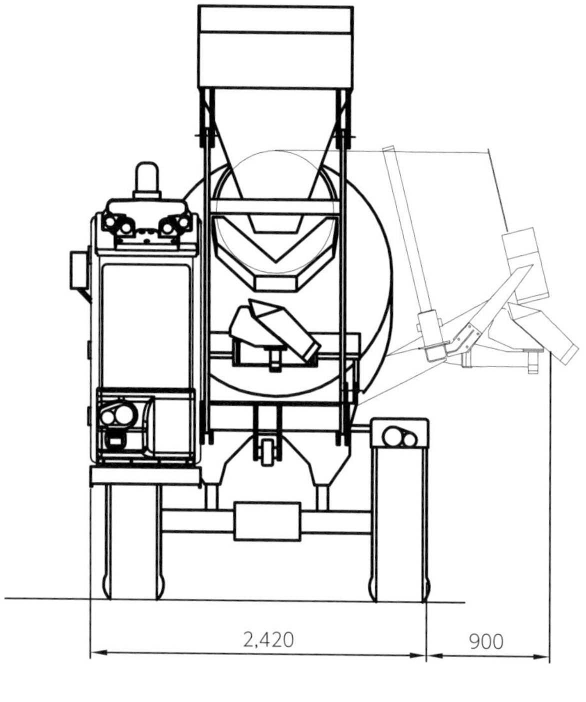

項目	
全長	6,860mm
全高	3,150mm
全幅	2,420mm
ドラム容量	4,850L
ショベル容量	600L
最小回転半径	3,700mm
最高速度	25km/h
エンジン形式	ディーゼル
エンジンモデル	Perkins 1104D-44TA

出力111 馬力のターボディーゼルエンジンを搭載し、道路移動時の最高速度は25 km / h 。4輪駆動とパワステを装備し、快適性、安全性、視認性を兼ね備えた特徴的なデザインのキャビンはエアコンも使用できる本格派である。

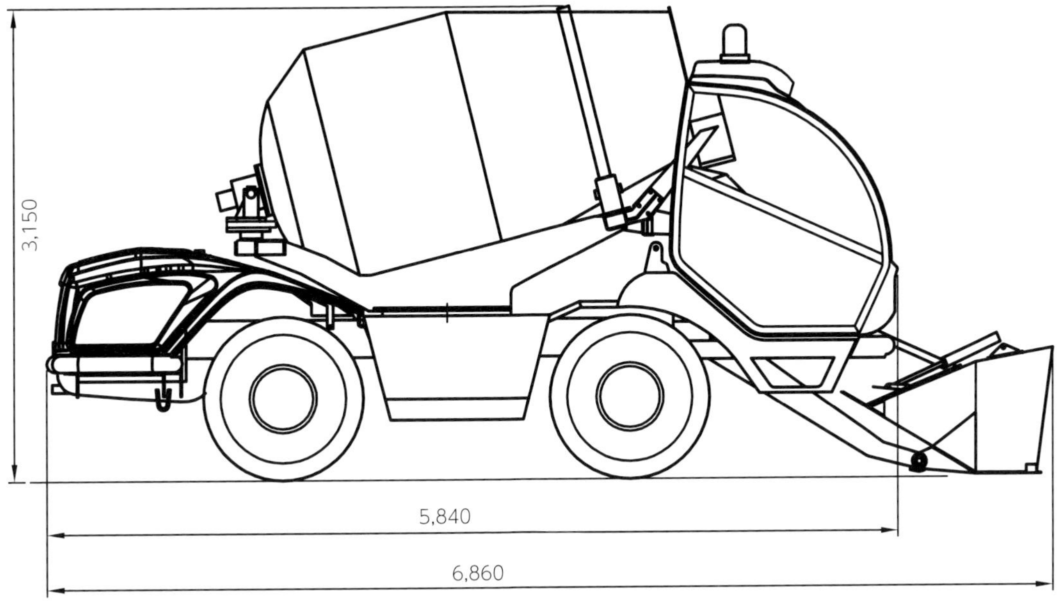

OTHER MINI MACHINE

CARMIX ONE

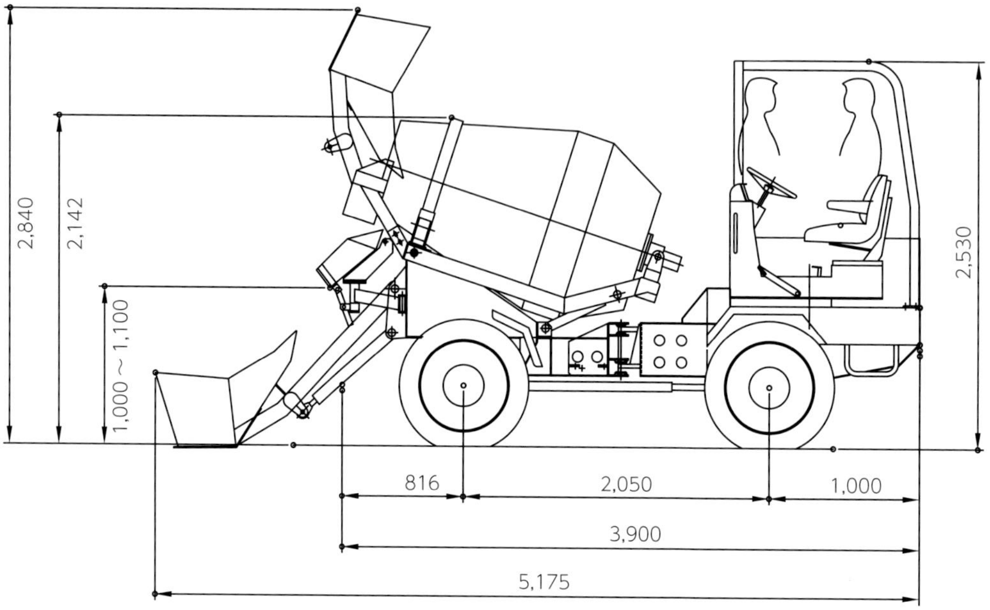

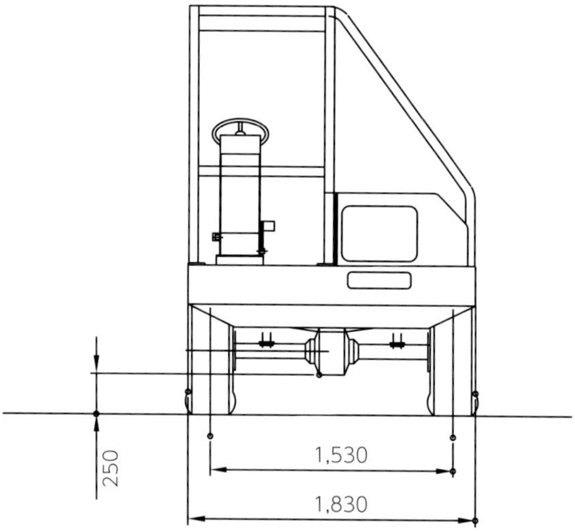

ブロック玩具で作ったかのようなユニークな風貌だが、1.400リットルのドラムを搭載している。関節式シャーシと四輪駆動を備え、オフロードでの操作に耐えられるよう設計されているため、不整地の現場では大型車より使いやすい。

項目	
全長	5,175mm
全高	2,840mm
全幅	1,830mm
ドラム容量	1,400L
ショベル容量	180L
最小回転半径	1,700mm
最高速度	14km/h
エンジン形式	ディーゼル
エンジンモデル	Perkins 403D-15T

CARMIX ONE
ONE

CARMIX
.com
CARMIX ONE

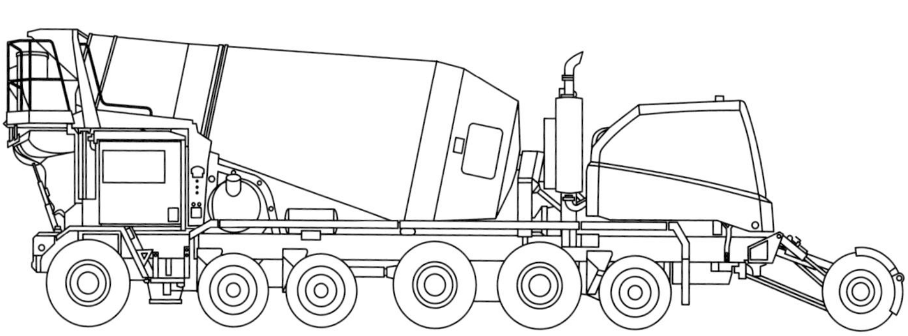

敷く

Paver

アスファルトを均一に敷き詰め、固める機械

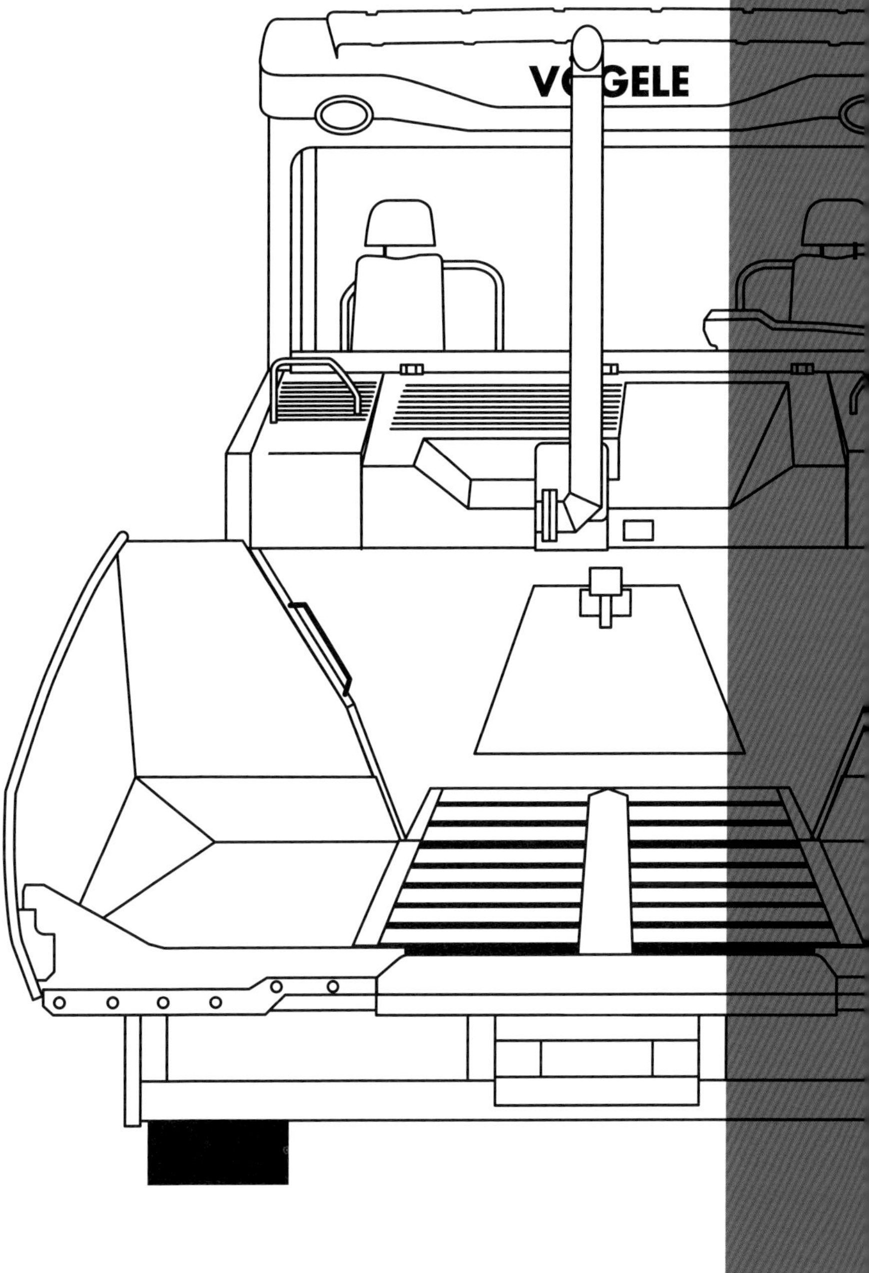

6 m

ASPHALT FINISHER

5 m

アスファルトフィニッシャ

4 m

VÖGELE
SUPER 3000-3i ＋ SB350

最大18mの舗装幅を誇り、一般道なら一度に２車線を一気に舗装可能。高速道路や滑走路などの大規模プロジェクトでも迅速に滑らかな舗装を実現する。SB350スクリードと組み合わせることで最大のパフォーマンスを得ることができる。

3 m

2 m

1 m

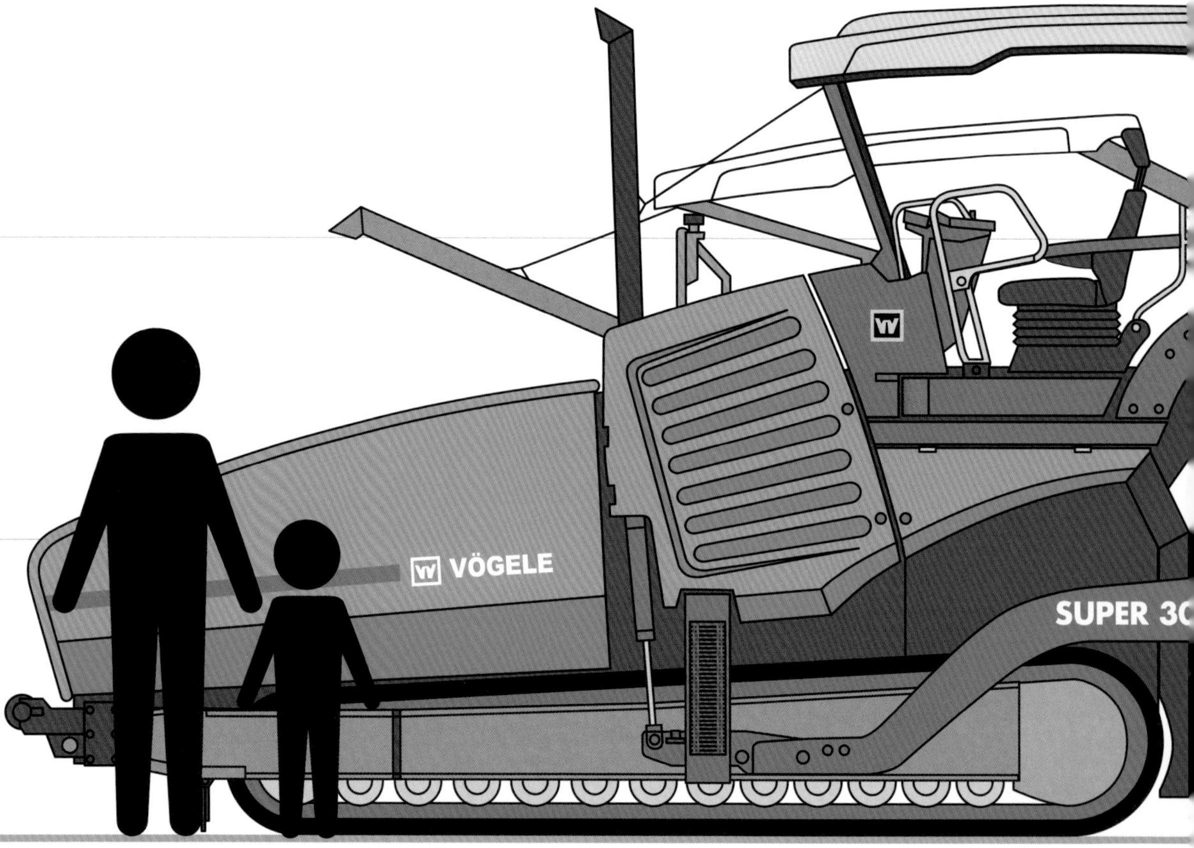

SUMITOMO
HA14C-5B

小型でも優れた機能性、容易な操作、作業性を実現した、超狭小舗装向けの機体。最小舗装幅は0.8mと、バイクや自転車でも走りにくいような路地ですら舗装可能である。もちろん、排ガス規制や騒音規制もクリアした実力派だ。

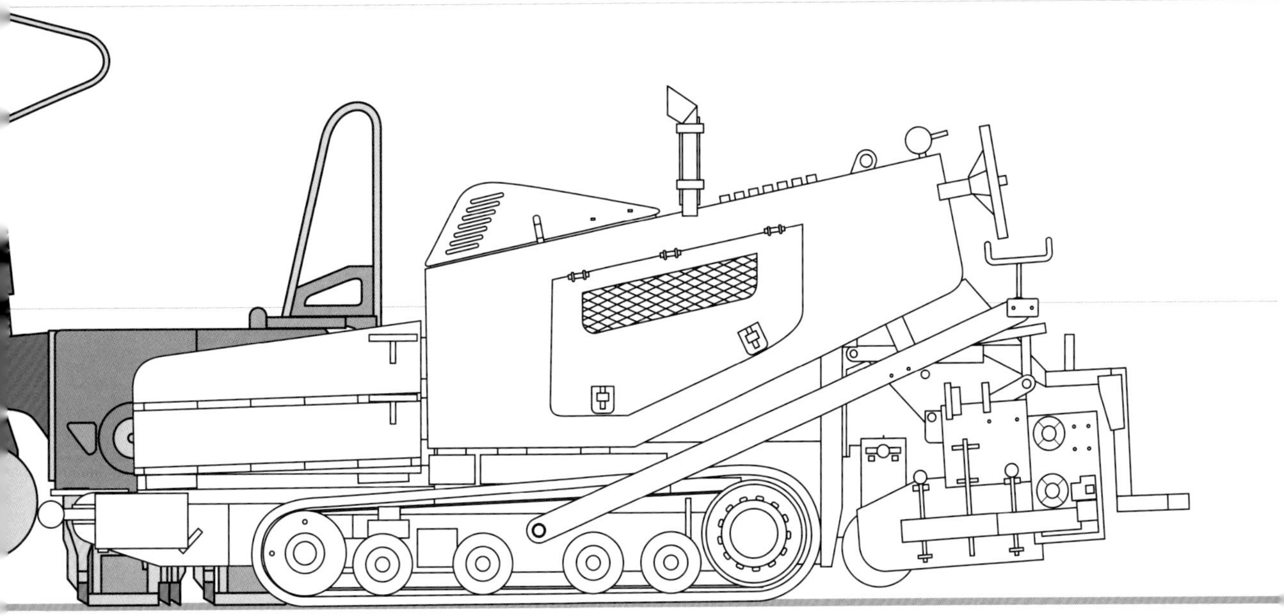

VÖGELE
SUPER 3000-3i + SB350

広い作業幅の舗装は、それ自体が難しい。SUPER 3000-3iとSB350の組み合はそれを解決した。ドイツの高速道路補修工事で幅16m、長さ8.9kmにわたる継ぎ目なし舗装を実現している。

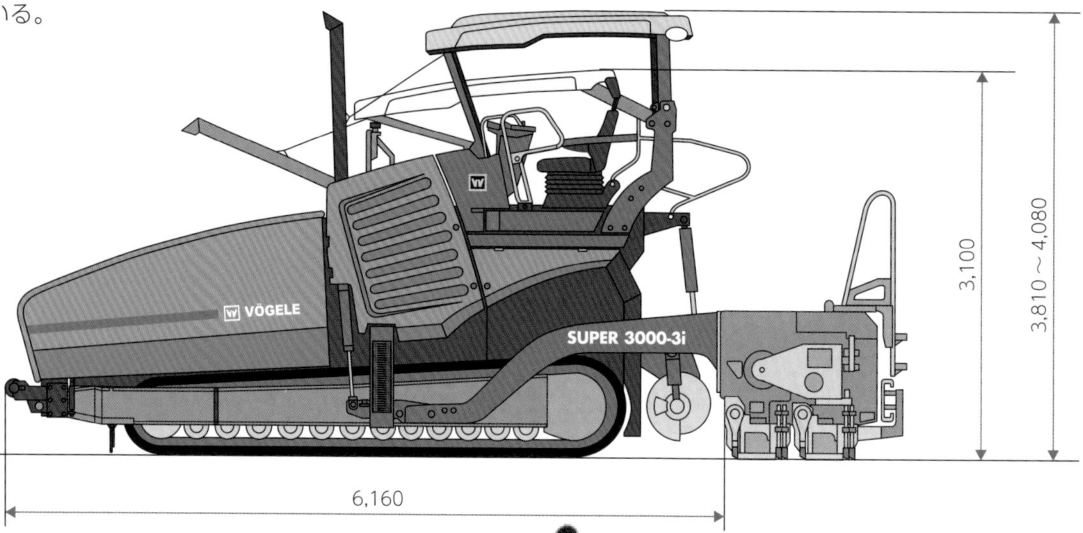

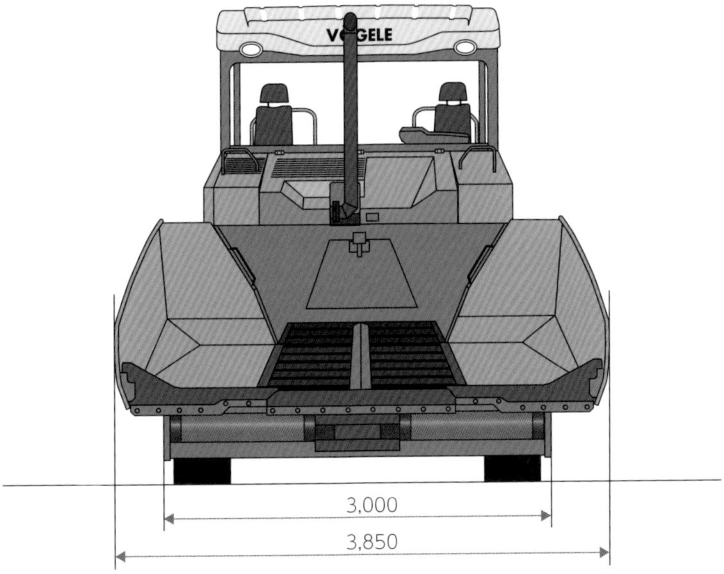

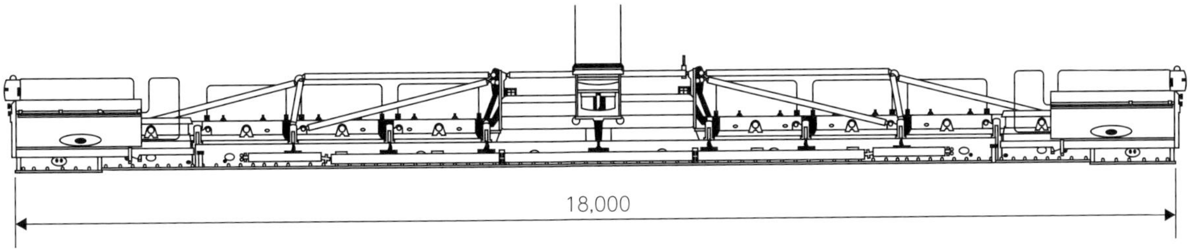

SUPER 3000-3i

項目	
全長	6,160mm
全高	3,810mm
全幅	3,850mm
舗装速度	24m/min
エンジン形式	ディーゼル
エンジンモデル	X12-C475

SB350

項目	
基本幅	3,500mm
最大幅	18,000mm

SUMITOMO
HA14C-5B

舗装というと広い面積の工事を連想するが、歩行者や自転車の専用道や舗装割れの修理など意外に必要なシーンがある。そういった大型機では不可能な現場に向いた機体。

項目	
全長	3,910mm
全高	1,570mm
全幅	1,300mm
最小回転半径	5,000mm
舗装速度	1.0 ～ 5m/min
エンジン形式	ディーゼル
エンジンモデル	クボタ D1703-K3A

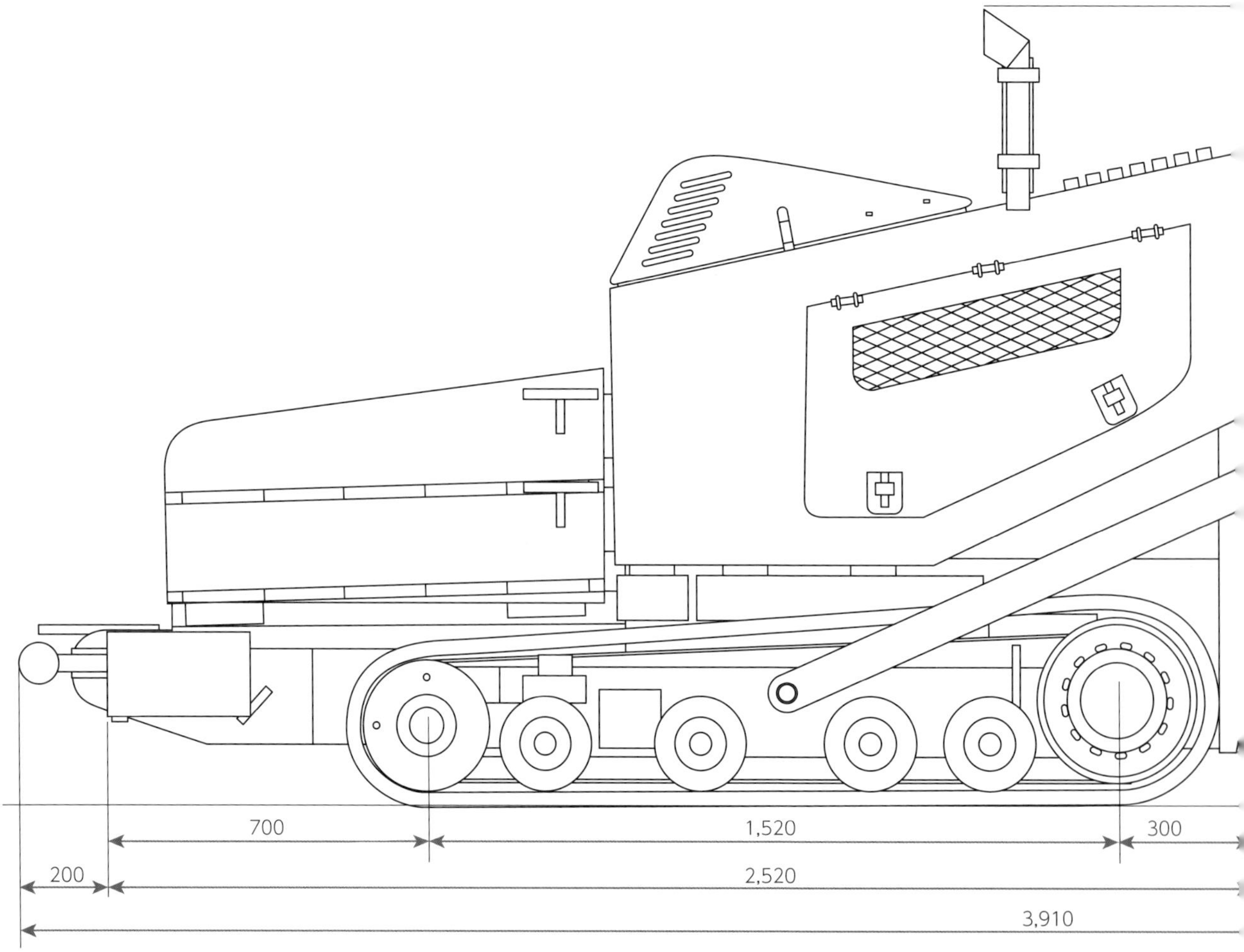

HA14C
SUMITOMO

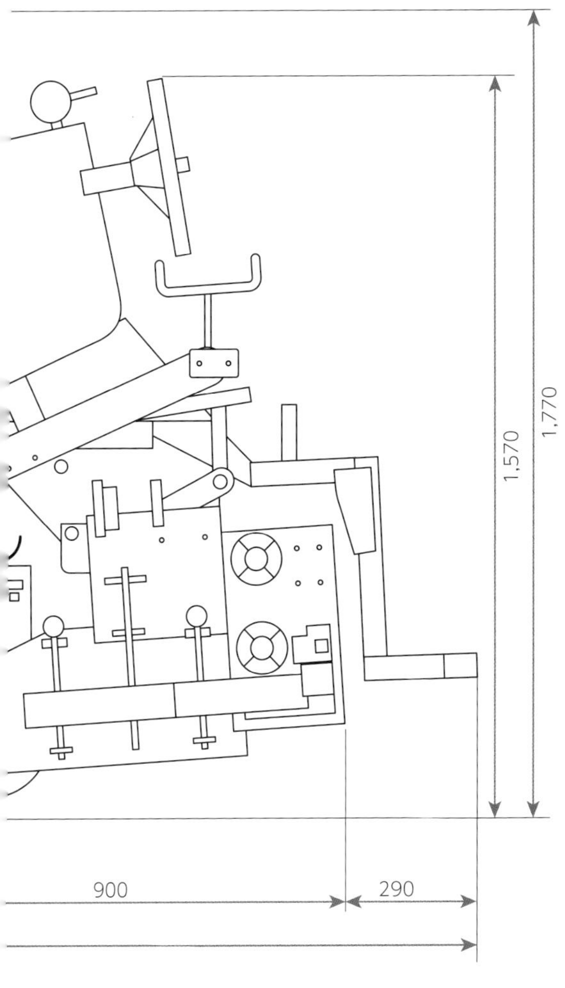
1,770
1,570
900
290

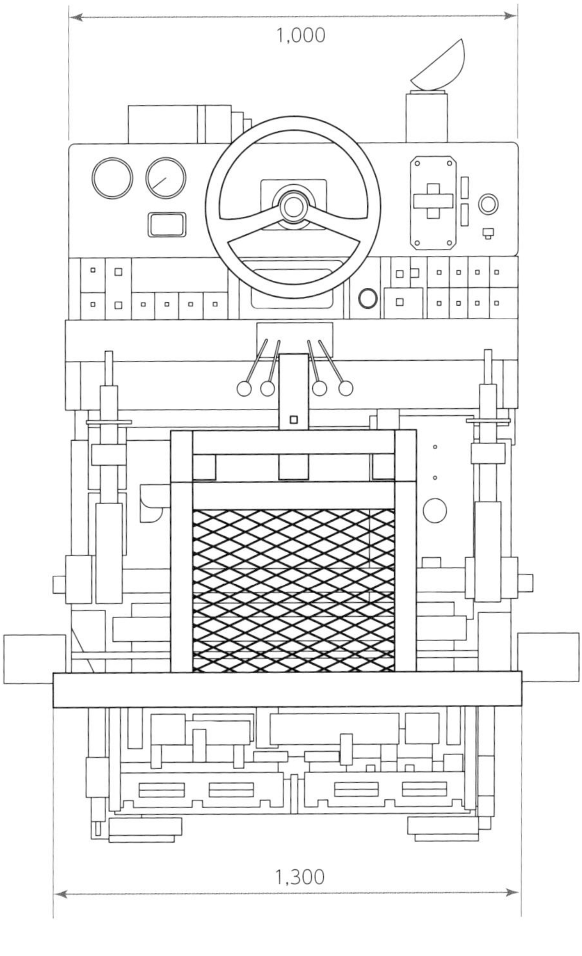
1,000
1,300

SUMITOMO
HB25W-5C

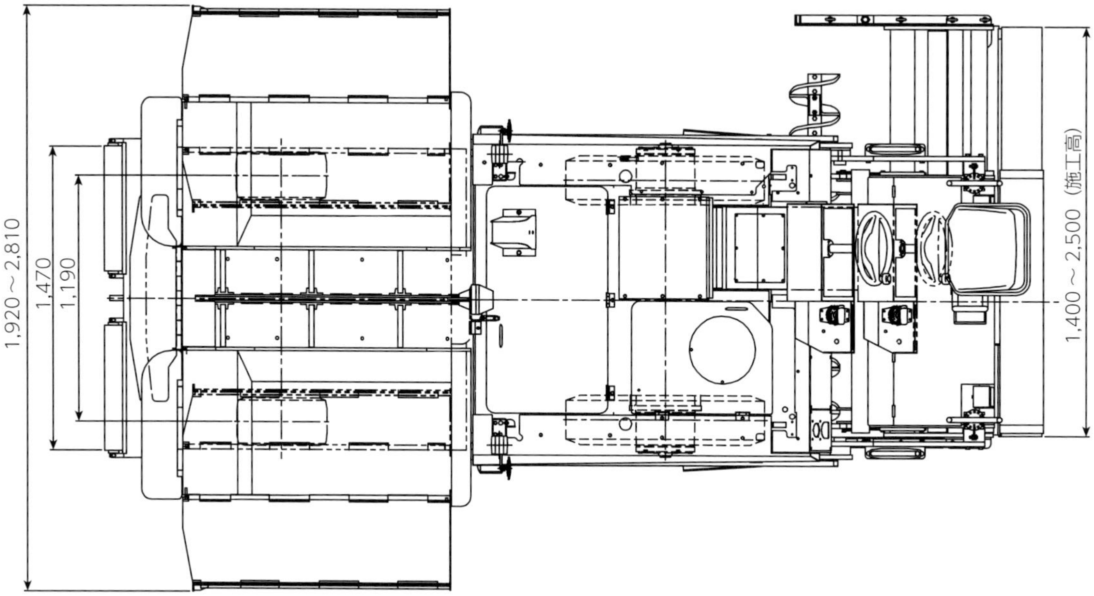

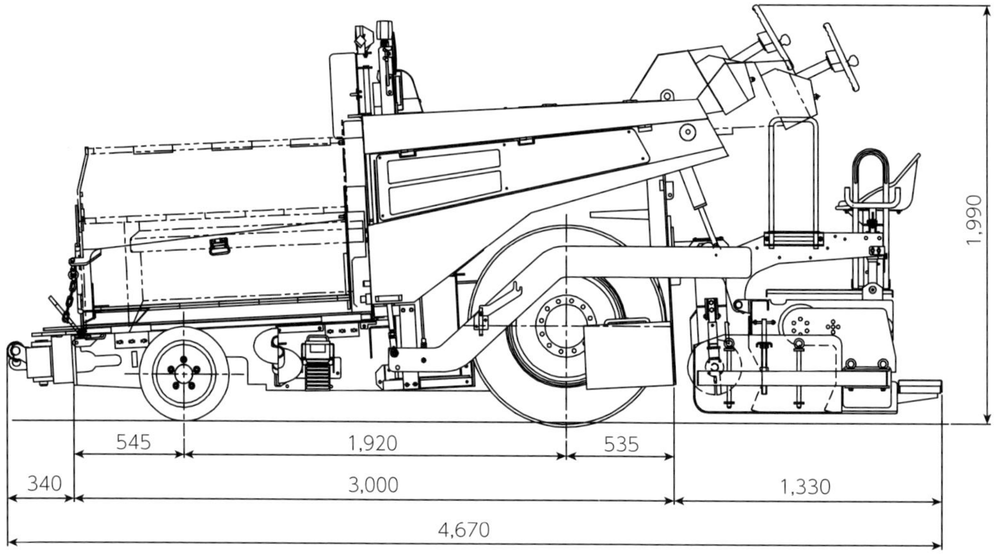

最小舗装幅1.4mとHA14C-5Bより少し大きめの機体だが、クローラー式のHA14C-5Bと違い、こちらは装輪式としては最小の機体である。自動ブレーキパーキングなどの安全装備も充実している。

項目	
全長	4,670mm
全高	1,990mm
全幅	1,680mm
最小回転半径	4,700mm
舗装速度	1.0 ~ 10.7m/m
エンジン形式	ディーゼル
エンジンモデル	クボタ V2403-CR-E48

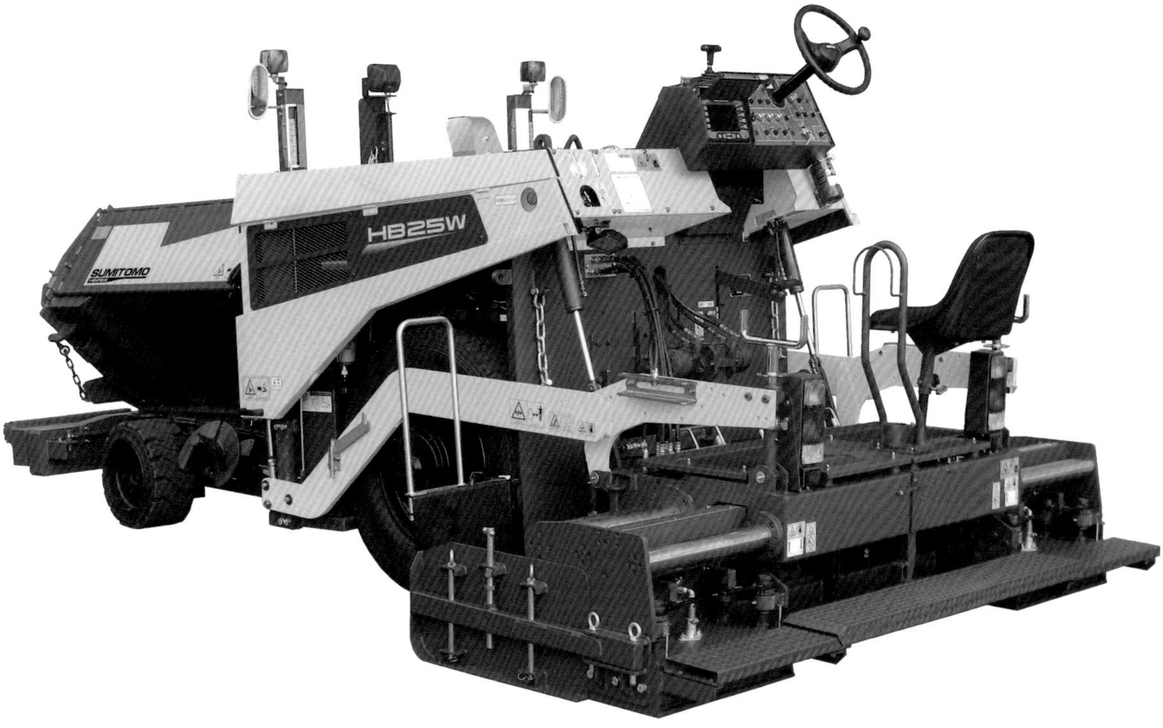

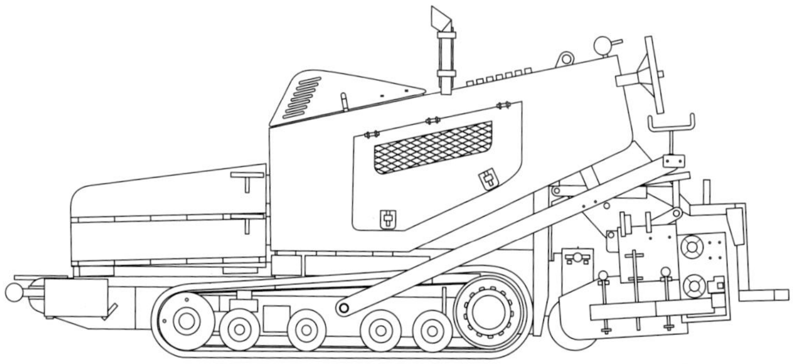

抉る
Bucket Wheel Excavator

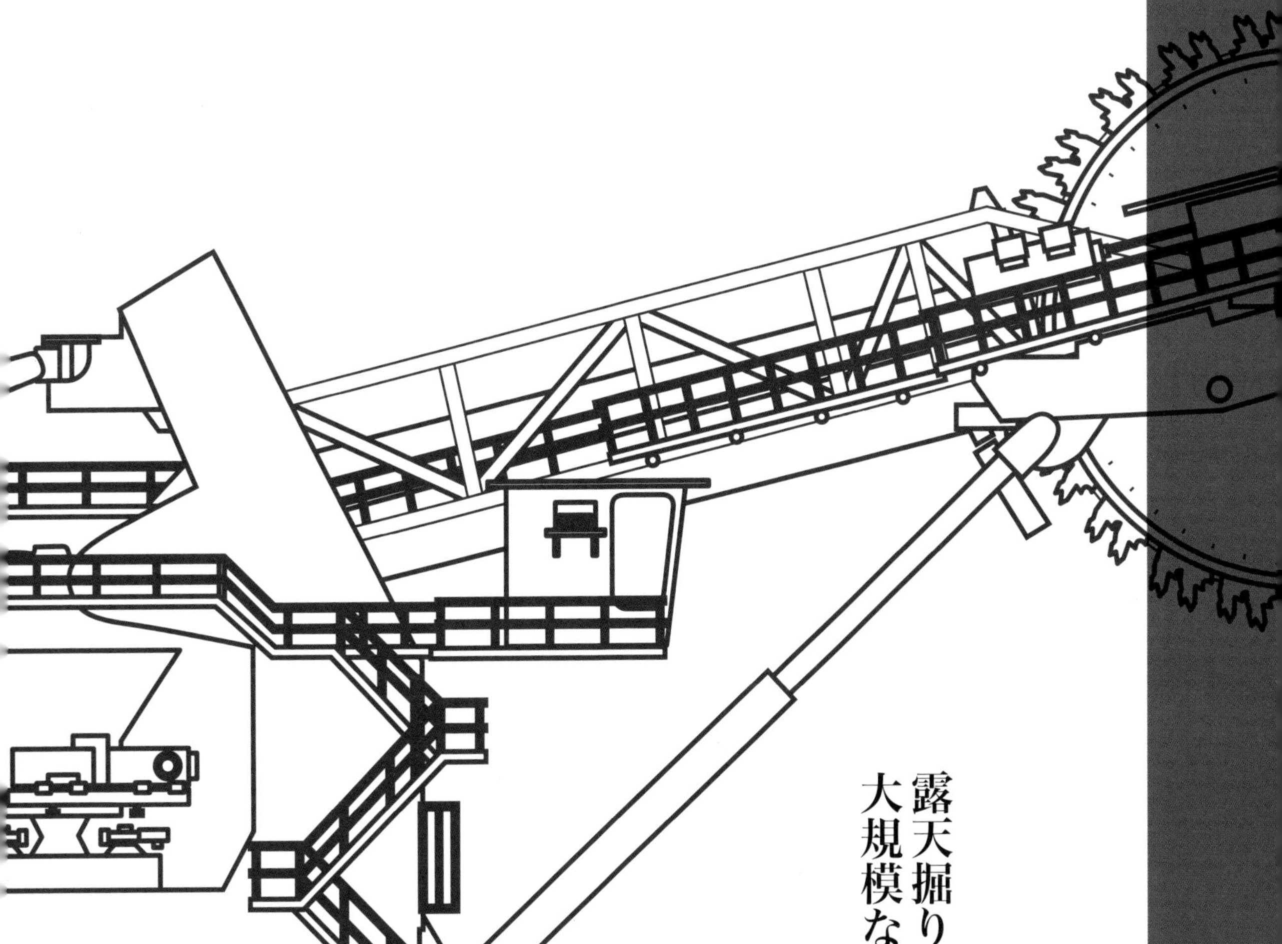

露天掘り鉱山で
大規模な掘削を行う機械

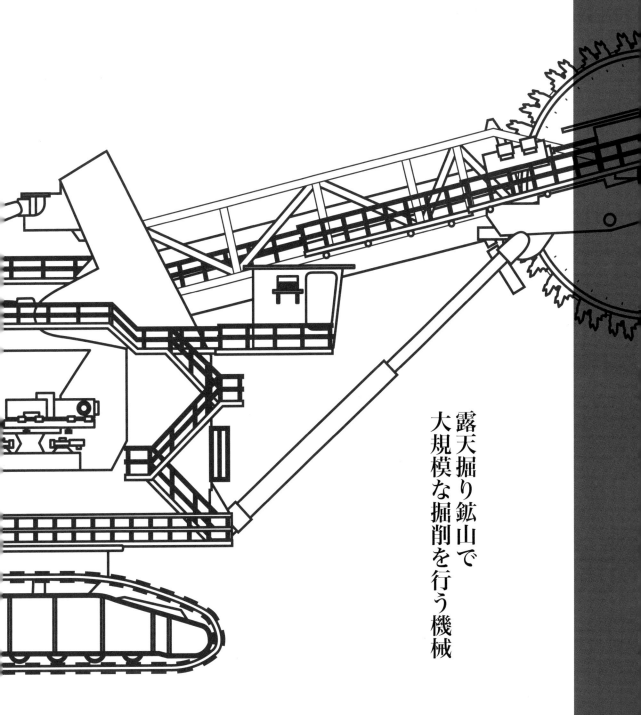

BUCKET WHEEL EXCAVATOR

バケットホイールエクスカベータ

TAKRAF
Bagger293

バケットホイールエクスカベータは露天掘りの鉱山でよく見られる大型の掘削機。その中でもこのBagger293は人間が作った最大の自走する機械として知られている。あまりの大きさに遠近感がおかしくなるほどである。

Thyssenkrupp
Barracuda

機械は大きければ大きいほど製造コストだけでなくランニングコストも増大する。そのため、超大型ぞろいのバケットホイールエクスカベータだが、コスト削減にこたえるべく開発された「小型」の機械である。

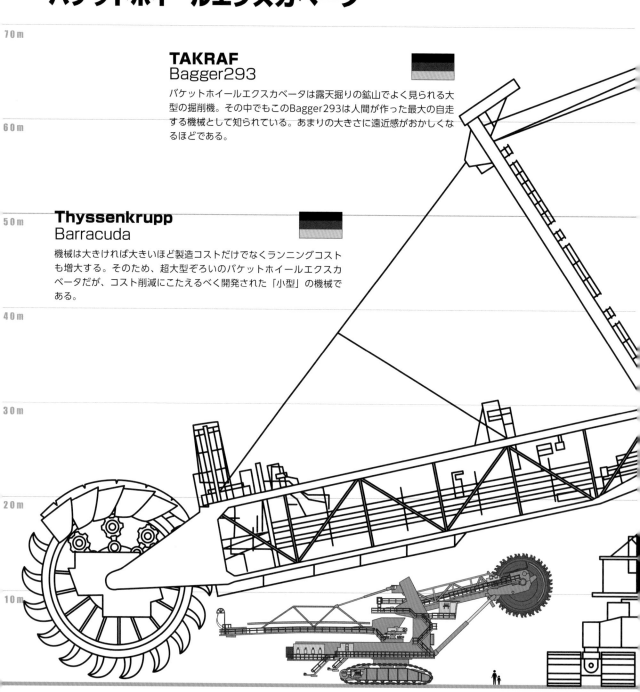

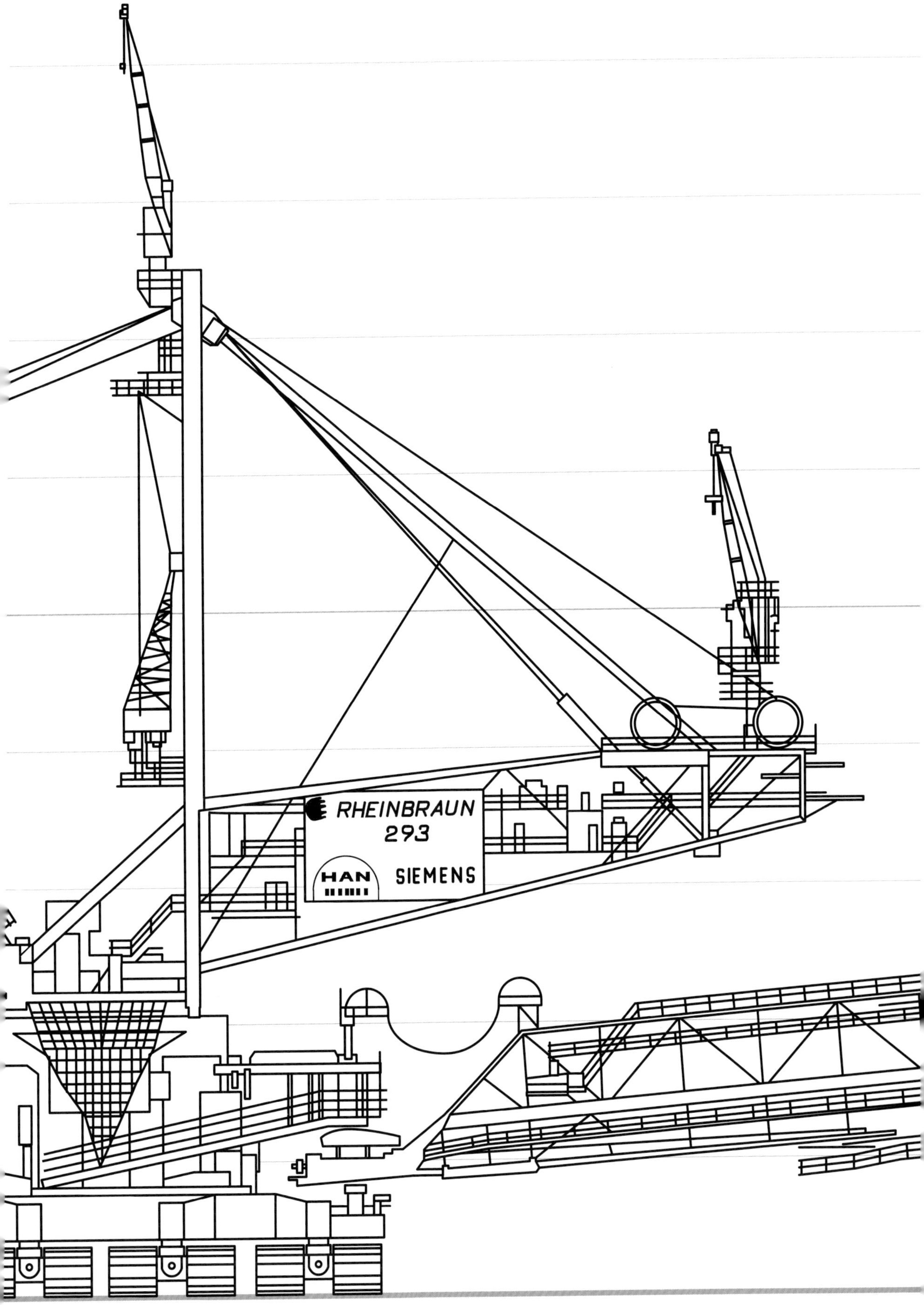
RHEINBRAUN
293
HAN
SIEMENS

TAKRAF
Bagger293

長世界最大を誇っていたBagger288の記録を塗り替えたのがBagger293である。総重量14,200t、1日当たりの最大採掘量240,000m3におよぶ。自走するとはいえ、そのためには5人の搭乗員が必要であり、最大時速は分速2～10mである。

項目	
全幅	46,000mm
重量	14,200t
移動速度	0.6km/h
最小曲線半径	50,000mm
ホイール直径	21,000mm
バケット数	18

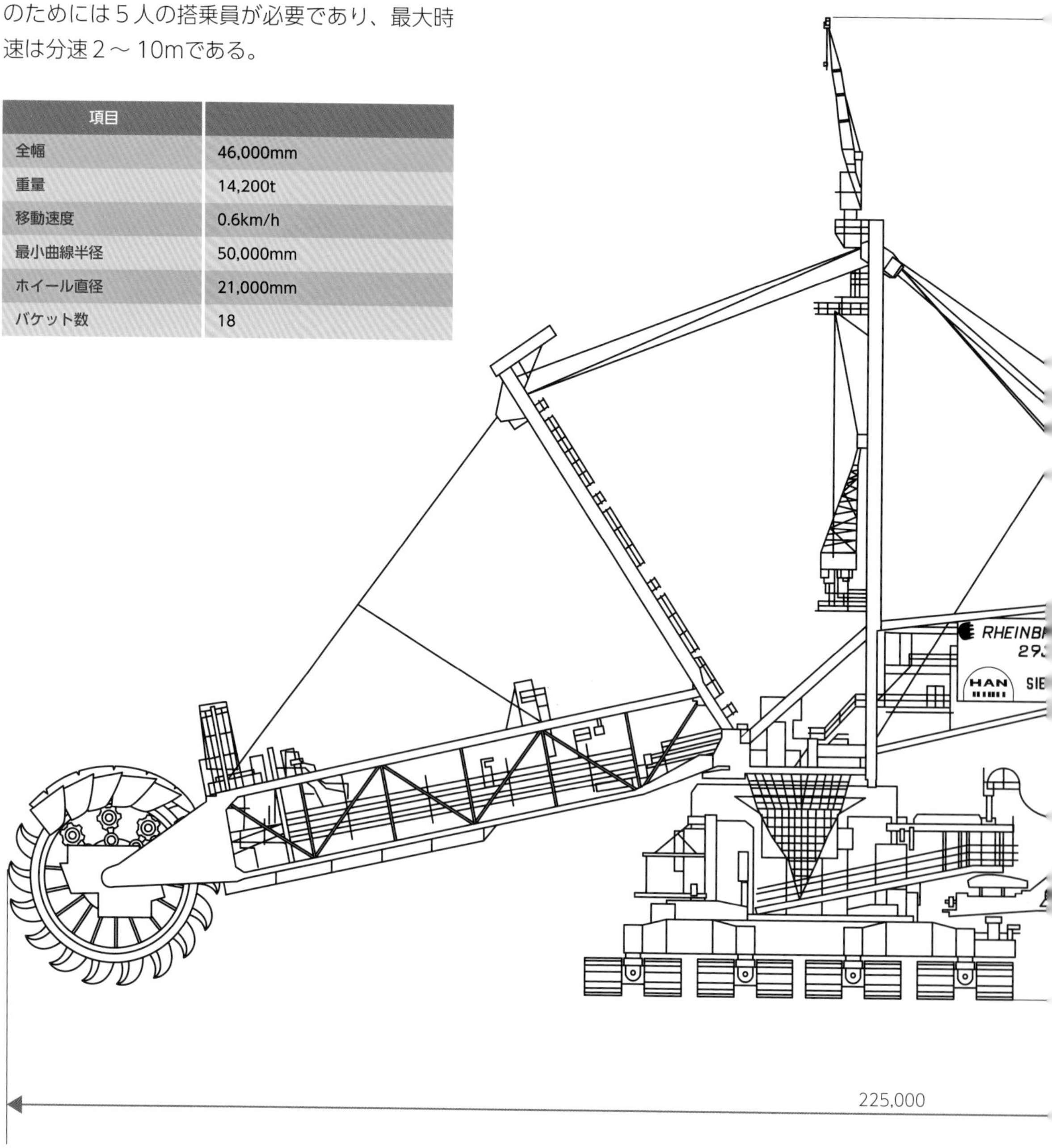

写真：picture alliance/アフロ

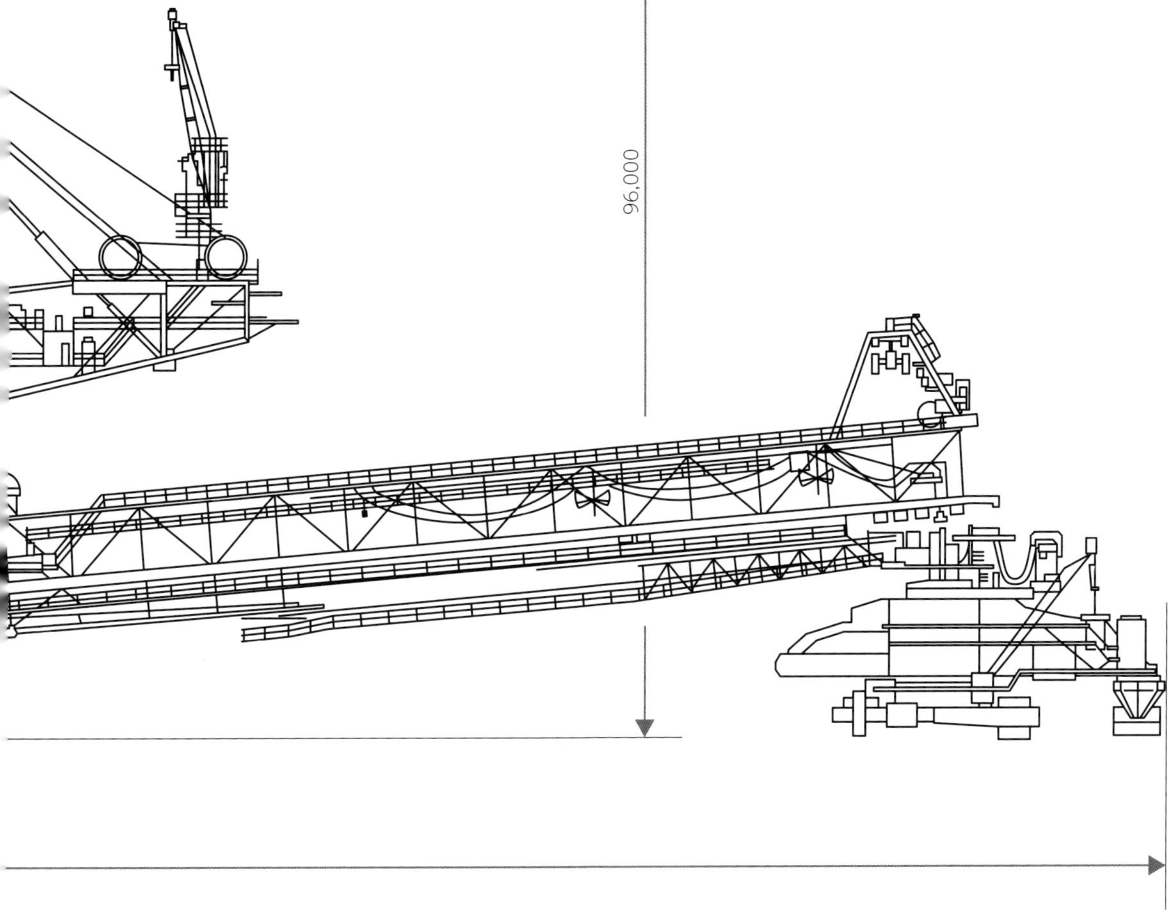

Thyssenkrupp barracuda C

バケットホイールエクスカベータ（BWE)というと巨大なものを想像しがちだが、実は意外に小さな物も存在する。中国内陸の露天掘り鉱山にドイツのThyssenkrupp社が提案し実現したのが超小型と言っても良いbarracudaだ。掘削部分の直径はわずか７ｍだが強い削岩力があり、１日当たりの採掘量は数千トンに及ぶ。

項目	
質量	50t
ホイール直径	7,000mm
切削硬度	50Mpa
耐寒温度	-30°

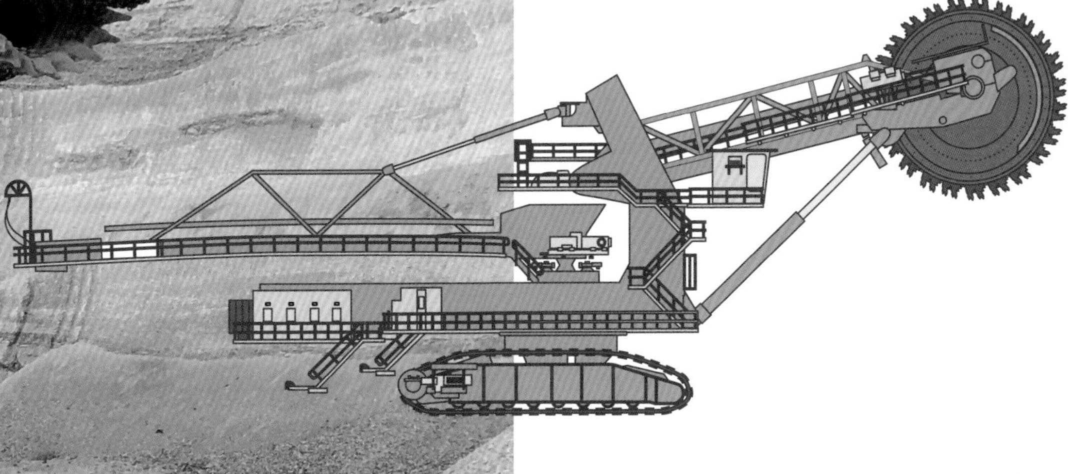

©thyssenkrupp Industrial Solutions

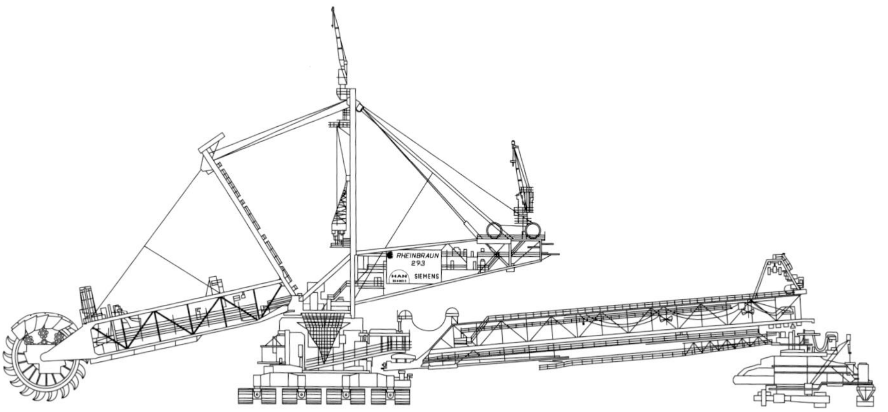
RHEINBRAUN
293
SIEMENS

掴む
Double-Front Work Machine

2本の腕で掴むことで様々な作業を行う機械

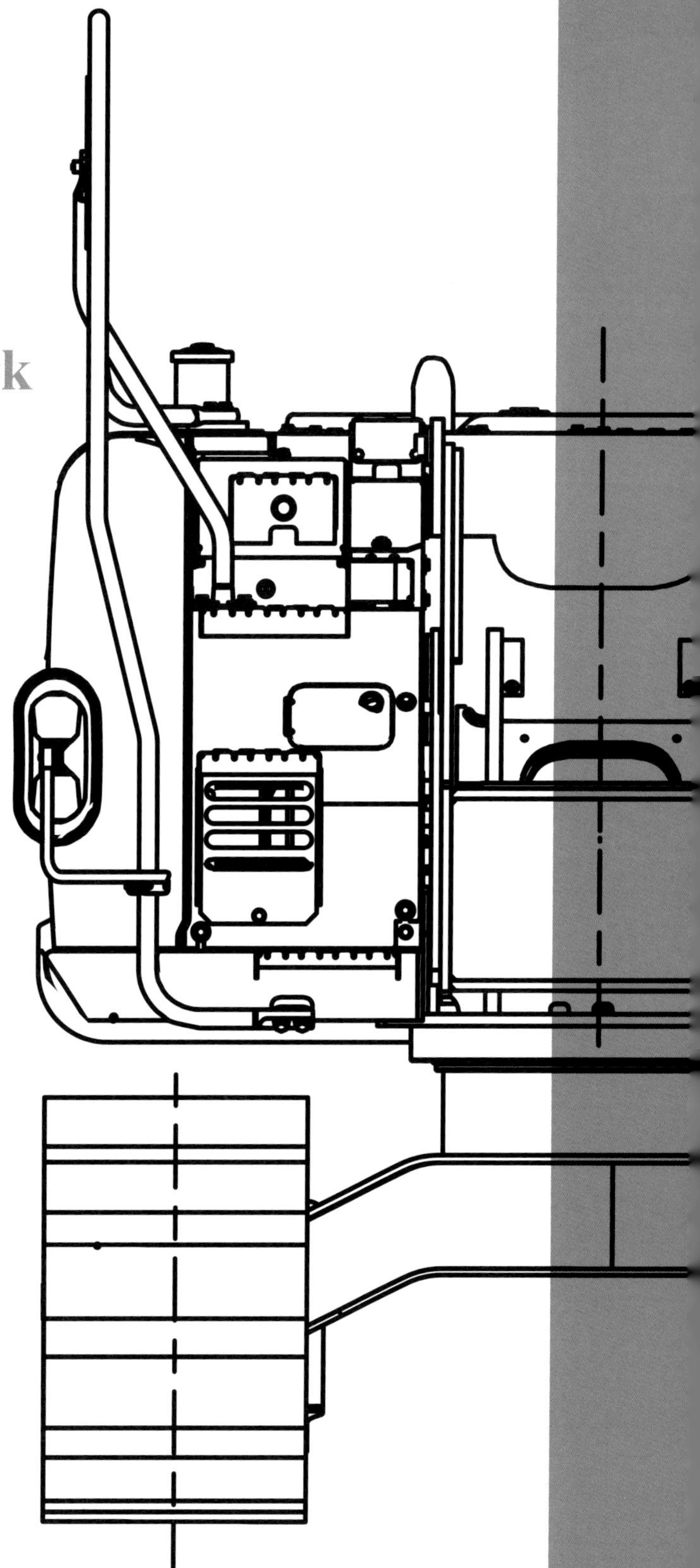

HITACHI
ASTACO/ASTACO NEO

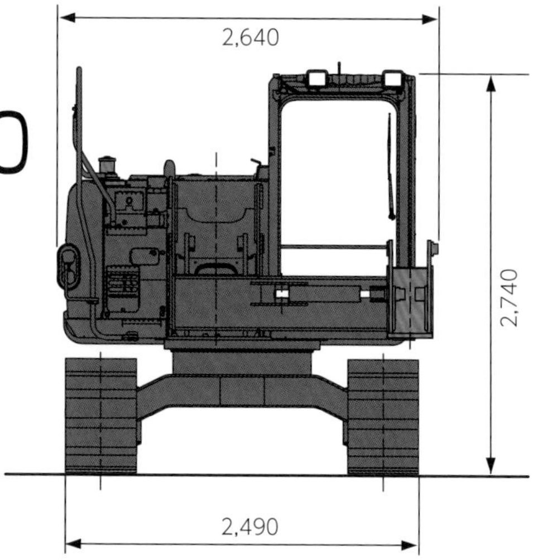

2本の作業装置を搭載した双腕作業機である。2005年に開発され、、2012年には後継機であるASTACO NEOが登場した。された。災害救助作業やがれきの撤去に力を発揮しする機体であり、緊急事態に備えて東京消防庁と川崎市消防局に1台ずつ配備されている。

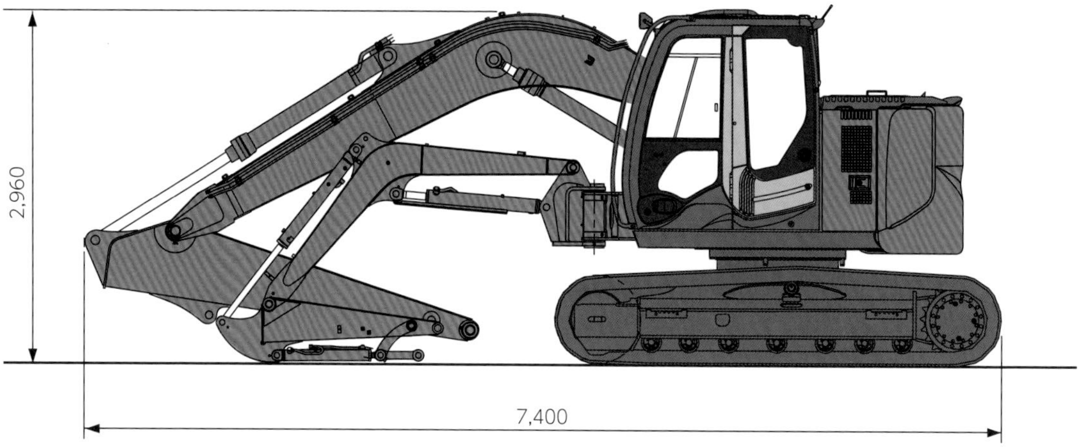

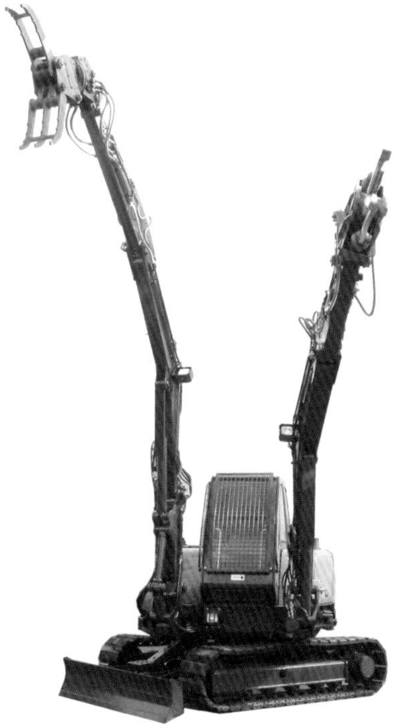

項目	
全長	7,400mm
全高	2,960mm
全幅	2,490mm
最大作業高さ	8,360mm
最大作業深さ	2,260mm

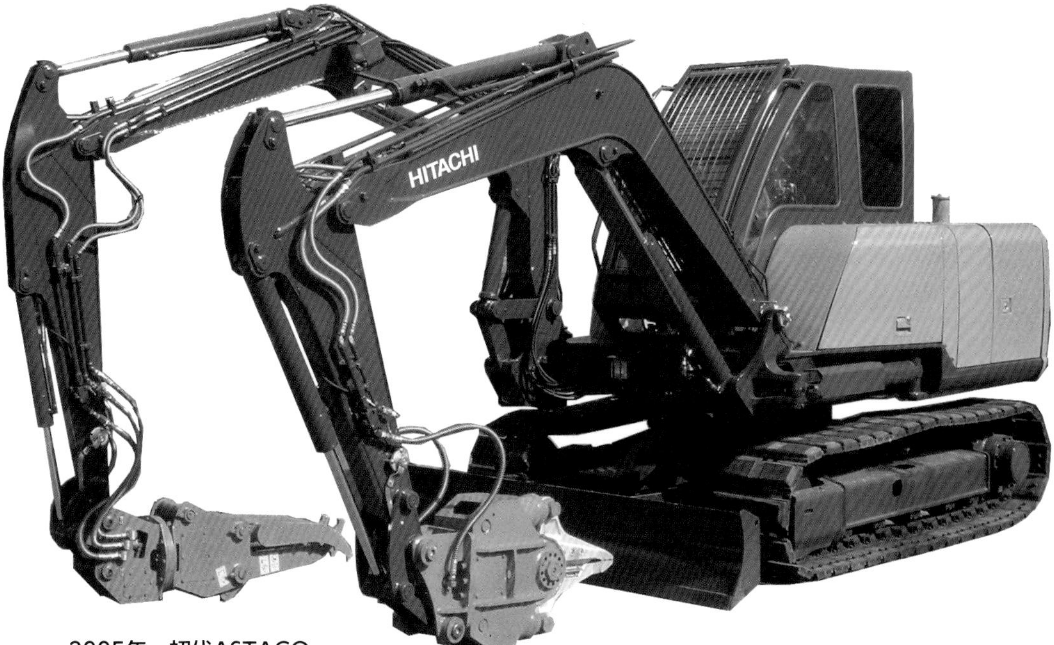

2005年　初代ASTACO

2011年　四脚クローラ試作

2011年　ASTACO NEO

HITACHI ASTACO/ASTACO NEO

2011年 ASTACO NEO改良型

2018年 四脚双腕コンセプト機

■作業範囲図

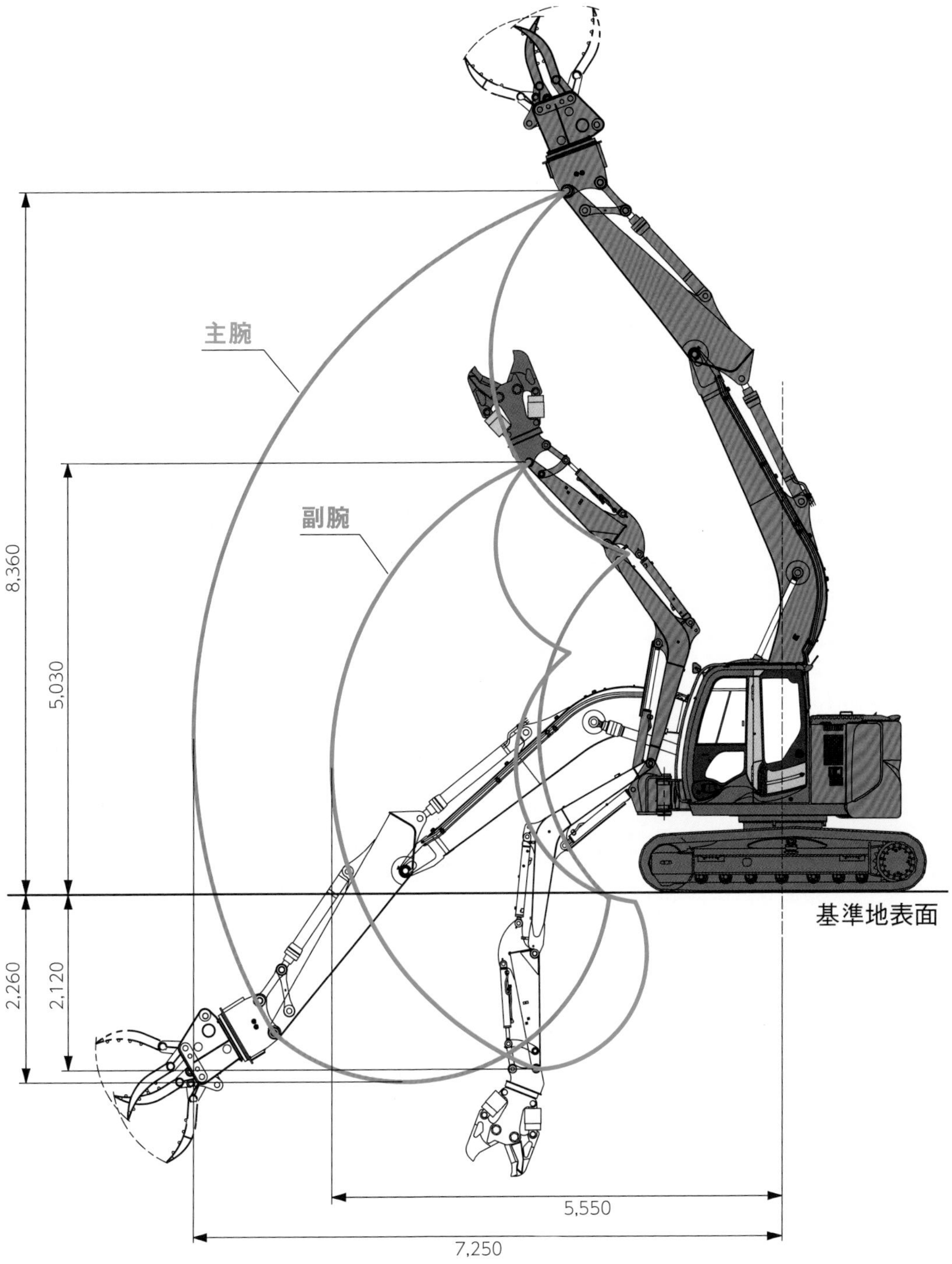
主腕
副腕
8,360
5,030
2,260
2,120
基準地表面
5,550
7,250

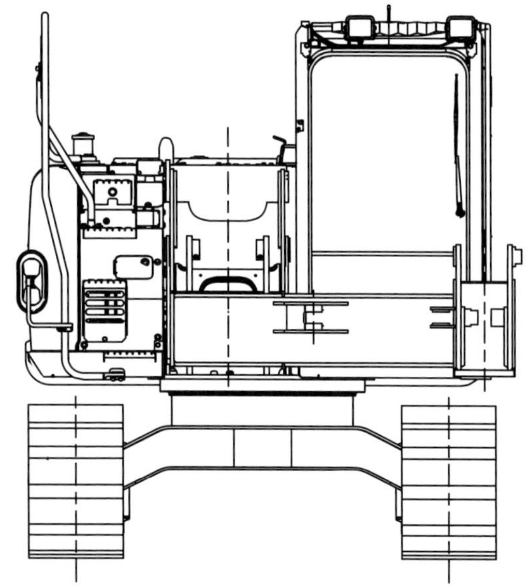

穿つ

Shield Machine

トンネルを掘り、構築する機械

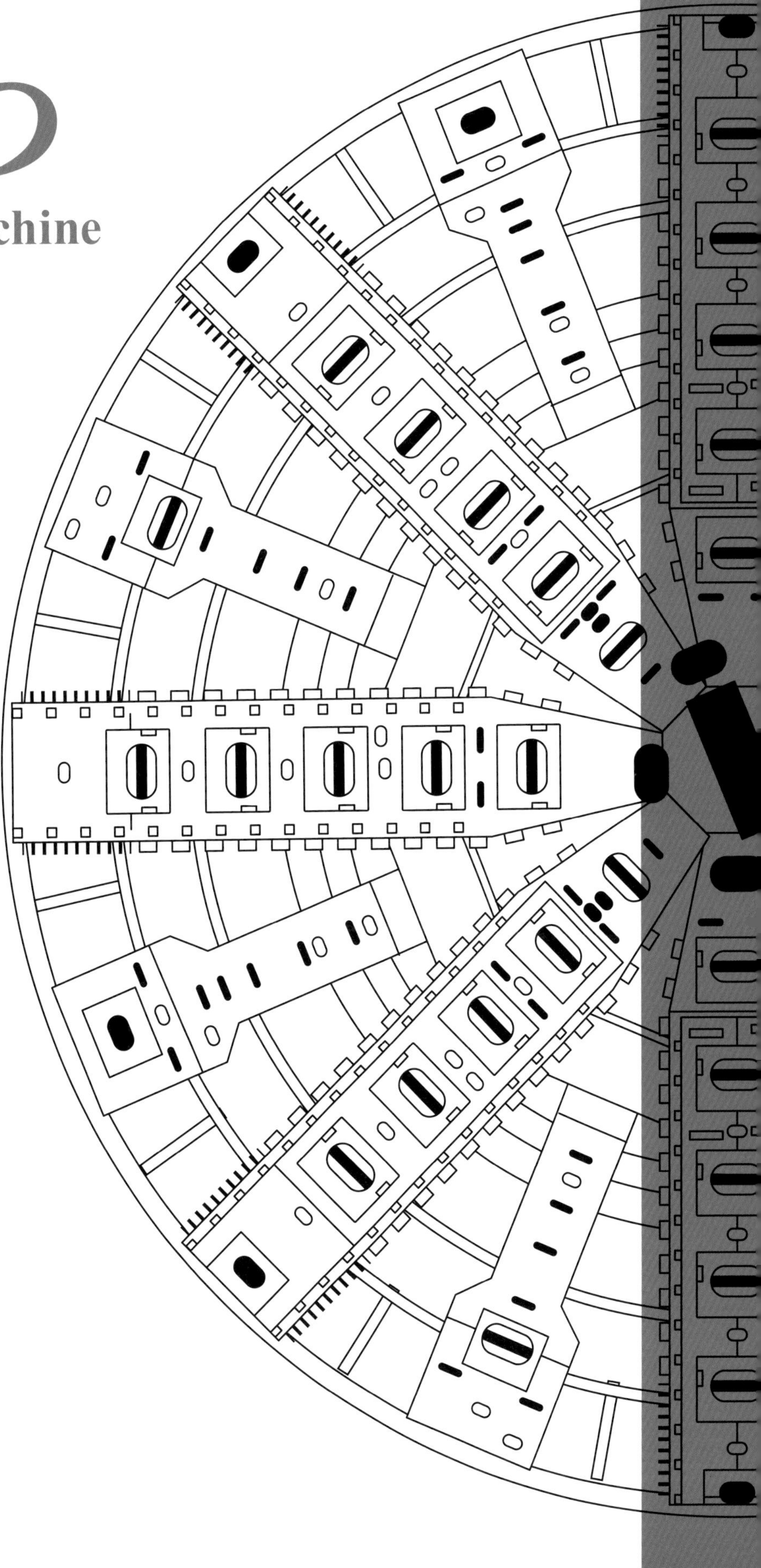

SHIELD MACHINE
シールドマシン

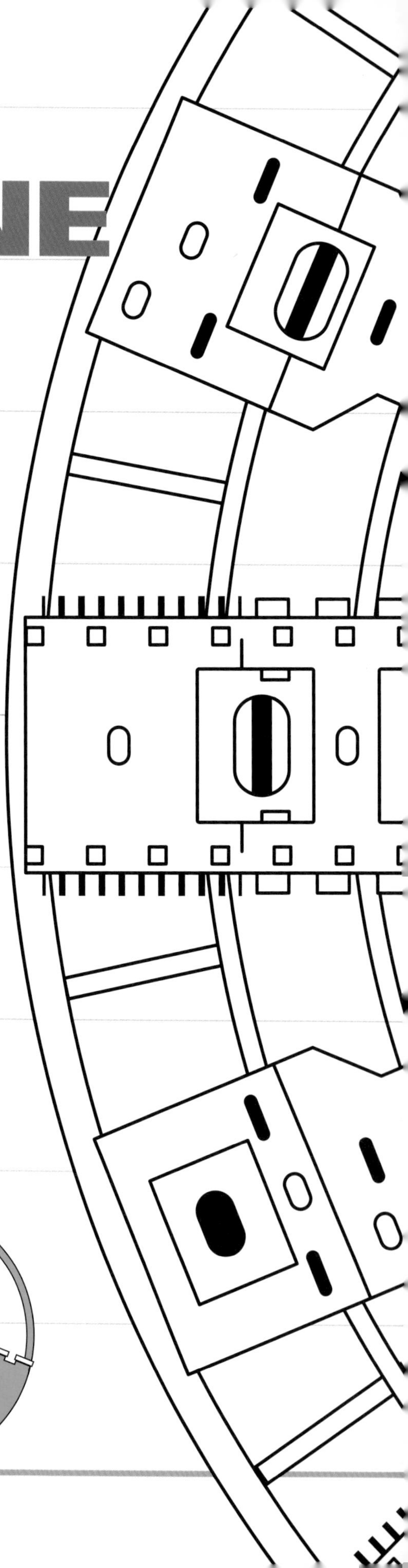

Hitz Hitachi Zosen
Bartha

直径17.45mと、実に６階建てのビルに相当する世界最大のシールドマシンである。シアトルの州道付け替え工事で地下トンネル掘削用に作られた。日本からは900tのブロックに分割されて輸送され、現地で組み立てられた。

コンパクトシールド工法研究会
コンパクトシールド

シールド工法というと巨大なものを想像しがちだが、こちらは最小直径1800mmの文字通りコンパクトなマシンである。下水道などはじめとした都市部の地下にトンネル需要があるために開発されたものである。

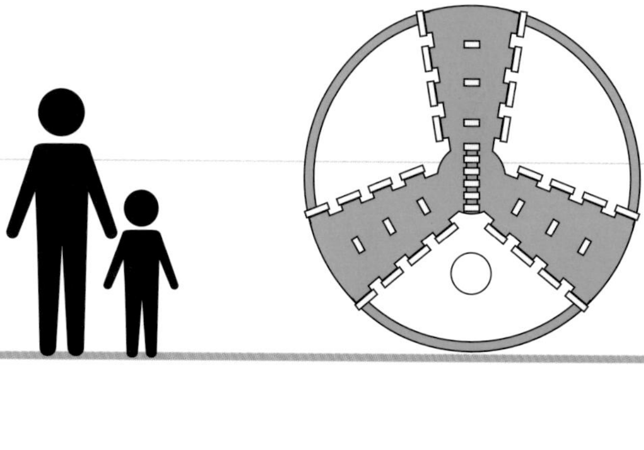

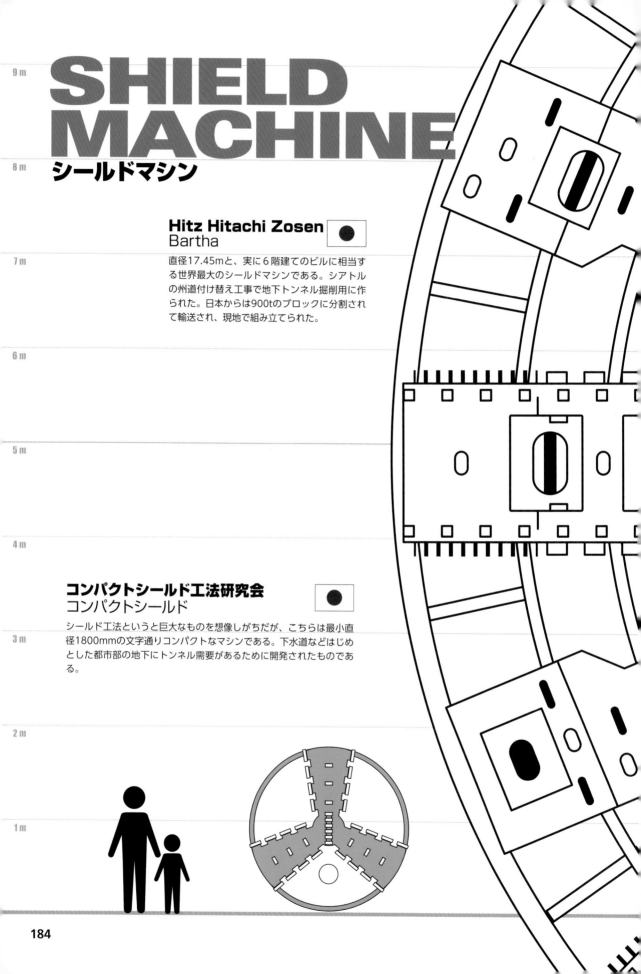

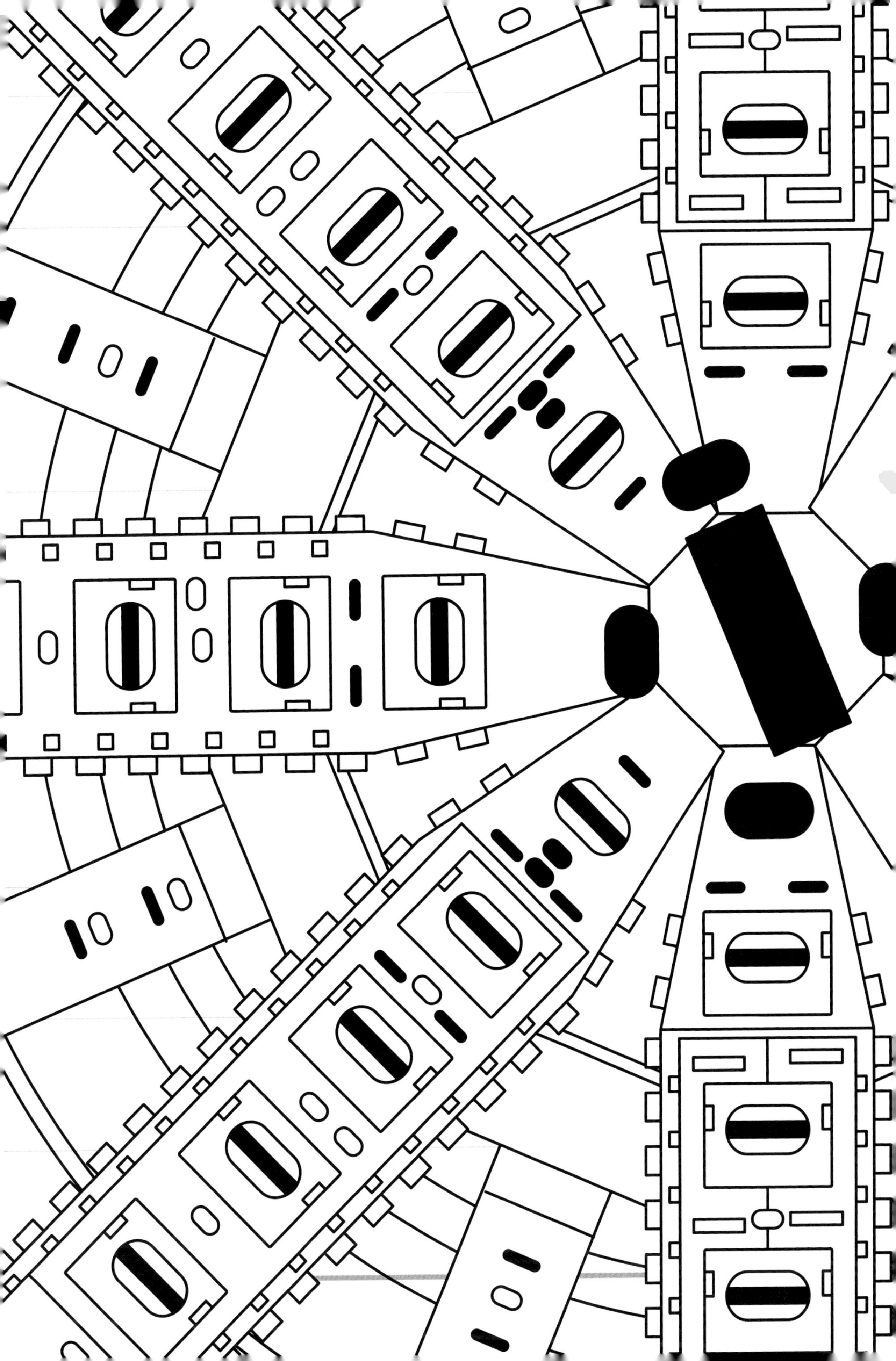

Hitz Hitachi Zosen
Bertha

シアトル市郊外を通る老朽化した高架道路が地震で損壊したため、道路を新しく地下に移す計画が立った。６車線もある非常に交通量の多い道路だったため、トンネルは大きなものになり、世界最大のシールドマシンが作られることになった。

項目	
直径	17,450mm
全長	99,000mm
質量	6,100t
伸長速度	80mm/min

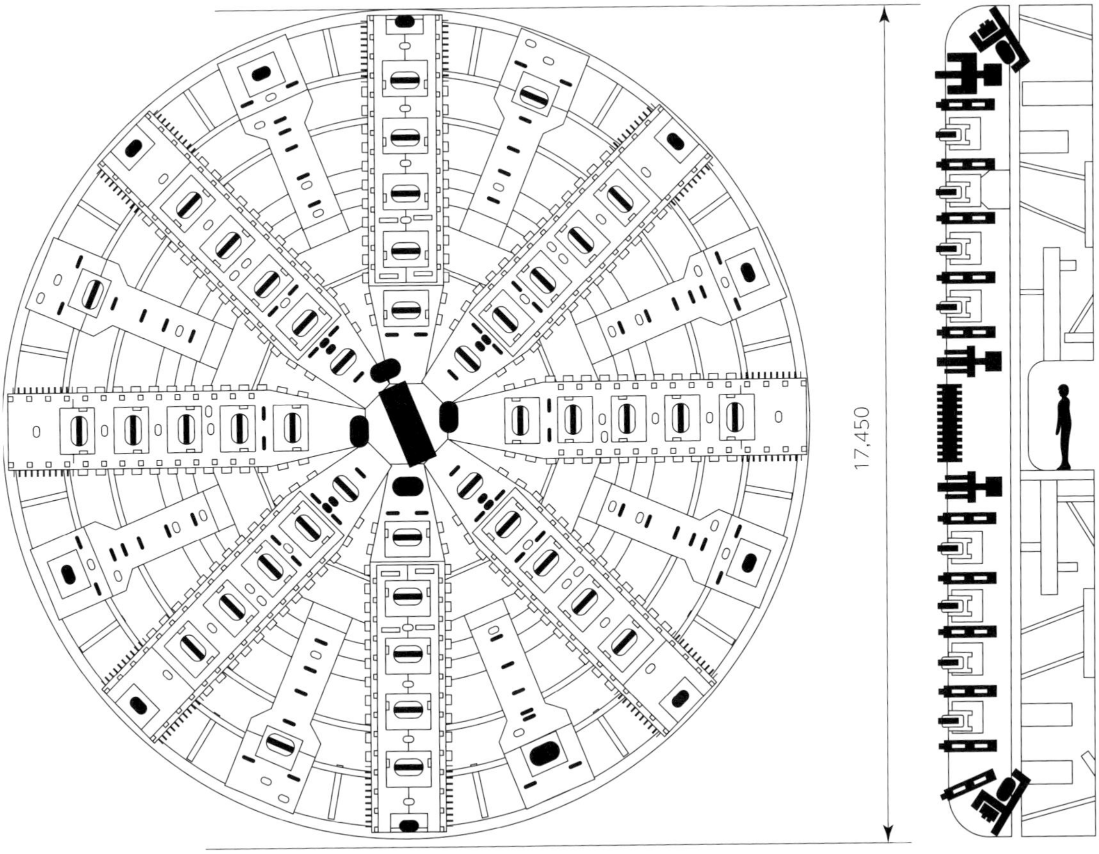

Hits Bertha

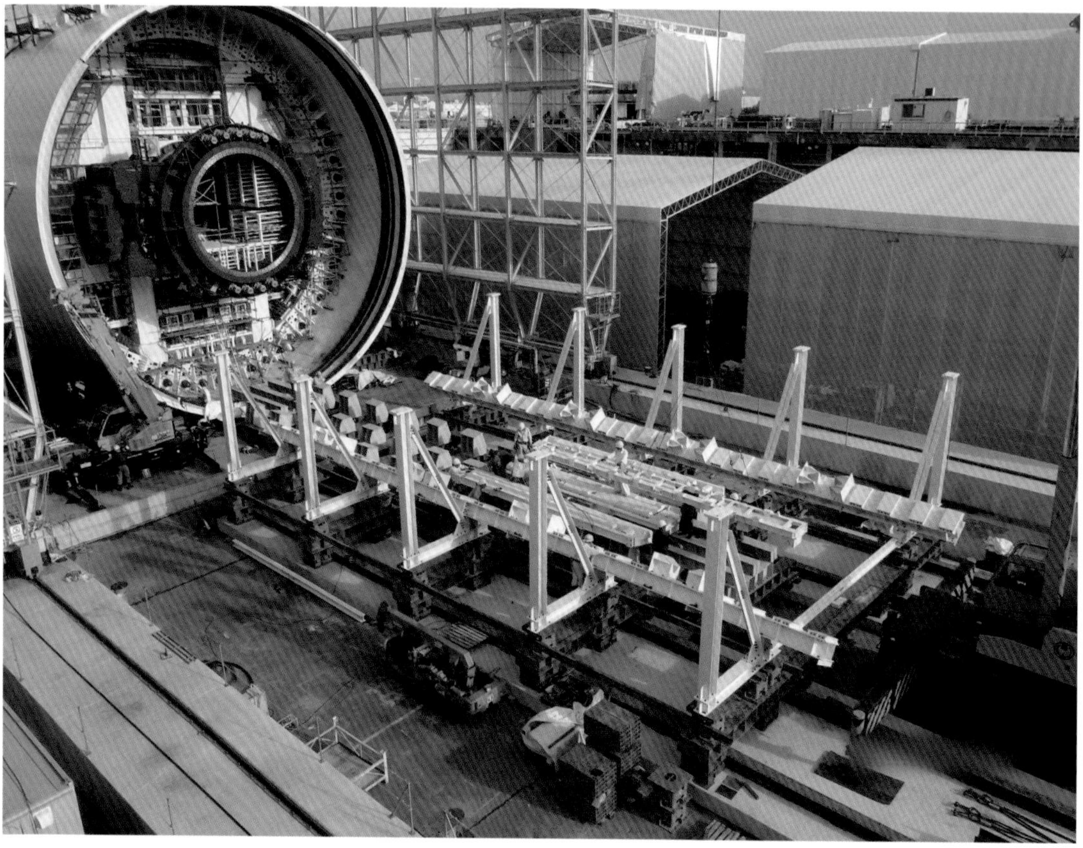

コンパクトシールド工法研究会
コンパクトシールド

費用削減・工期短縮・維持管理の効率化を図るため、改良された小口径シールドマシン。筒状の機体は前・中・後に3分割されているため、小さい立坑で分割発進・分割回収が容易となり、転用することも可能である。

項目	
直径	1,800mm
全長	9,680mm
排土能力	26m3/h
伸長速度	56mm/min

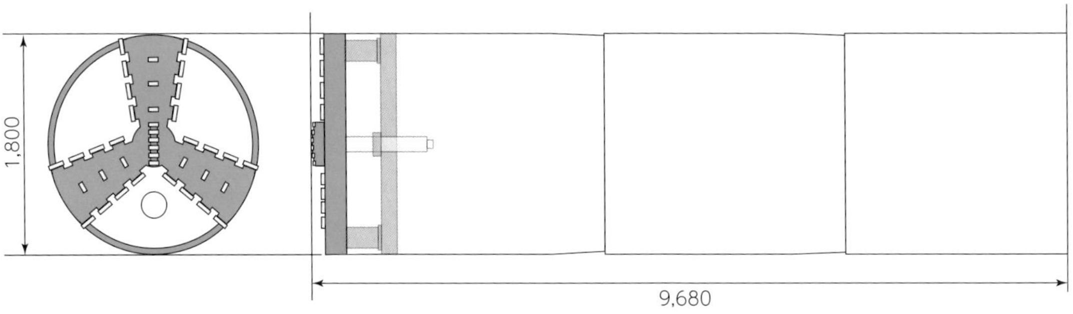

索引

重機図説 世界の極大級・極小級マシン

2020年5月25日　初版第1刷発行

編者————グラフィック社編集部
発行者————長瀬 聡
発行所————グラフィック社
〒102-0073東京都千代田区九段北1-14-17
tel.03-3263-4318（代表）　03-3263-4579（編集）
fax.03-3263-5297
郵便振替　00130-6-114345
http://www.graphicsha.co.jp/
印刷・製本——図書印刷株式会社
図版製作———小宮山裕
はやのん理系漫画制作室
荻窪裕司（Clopper）
デザイン———盛岡史郎
小宮山裕
荻窪裕司（Clopper）
編集————坂本章
甲田秀昭（株式会社J's publishing）
編集協力———松村浩次

定価はカバーに表示してあります。
乱丁·落丁本は、小社業務部宛にお送りください。小社送料負担にてお取り替え致します。

ISBN978-4-7661-3387-5　C0065
Printed in Japan